边坡锚固结构作用机理与耐久设计

MECHANISM AND DURABILITY DESIGN OF SLOPES REFORCED WITH ANCHORS

何思明　丁小军　罗　渝　等　编著

人民交通出版社股份有限公司
China Communications Press Co.,Ltd.

内 容 提 要

本书在边坡预应力锚索结构作用机理、耐久性机理研究基础上，对预应力锚索破坏特性及其抗拔特性进行了研究，采用极限分析上限法对预应力锚索加固边坡的稳定性进行分析，推导出锚固力的计算方法，同时给出了不同预应力锚索结构加固边坡的设计方法。此外，在西藏干线公路边坂锚固结构安全性能调研的基础上开展了锚固结构耐久性研究，分析了公路边坡锚固结构耐久性的影响因素，构建了公路边坡锚固结构安全耐久性评价体系，并提出了不同锚固结构预应力损失修复与安全性维护技术。本书研究内容，将全面提升我国边坡锚固结构在安全性评价、修复加固与耐久性设计等方面的技术水平，为我国公路边坡锚固结构维护与管理提供技术支撑。

本书可供边坡防护工程业界广大设计、科研人员以及高校有关专业师生参考阅读。

图书在版编目（CIP）数据

边坡锚固结构作用机理与耐久设计 / 何思明等编著. —北京：人民交通出版社股份有限公司，2017.5

ISBN 978-7-114-13480-7

Ⅰ. ①边… Ⅱ. ①何… Ⅲ. ①边坡—锚固—结构—研究 Ⅳ. ①TV223.3

中国版本图书馆 CIP 数据核字（2016）第 279069 号

书　　名：边坡锚固结构作用机理与耐久设计
著 作 者：何思明　丁小军　罗　渝　等
责任编辑：尤　伟
出版发行：人民交通出版社股份有限公司
地　　址：（100011）北京市朝阳区安定门外外馆斜街 3 号
网　　址：http://www.ccpress.com.cn
销售电话：（010）59757973
总 经 销：人民交通出版社股份有限公司发行部
经　　销：各地新华书店
印　　刷：北京市密东印刷有限公司
开　　本：720 × 960　1/16
印　　张：10.25
字　　数：176 千
版　　次：2017 年 5 月　第 1 版
印　　次：2017 年 5 月　第 1 次印刷
书　　号：ISBN 978-7-114-13480-7
定　　价：50.00 元

前　言

边坡锚固结构能充分地发挥岩体的自承潜力，提高岩土的自身强度和自稳能力，减轻支护结构的自重，节约工程材料，并能保证施工的安全与稳定，具有显著的经济和社会效益。此类工程结构已广泛应用于铁路工程、公路边坡工程以及水利工程等的滑坡治理、高边坡支护中，其优良特性已为大量的工程实践所证实。然而目前就其设计理论来说，还远远满足不了工程实践的需要。人们对于边坡锚固结构作用机理认识尚不甚清楚，影响边坡锚固结构设计的一些关键问题还存在争议，在国家规范、标准中有关锚固结构设计理论和计算方法略为粗浅，其中经验、统计公式占主导地位。上述不足可能给边坡锚固工程带来风险。因此，开展边坡锚固结构作用机理研究，在此基础上提升我国边坡锚固结构设计水平具有重要意义。

作为公路边坡、滑坡加固防护的有效手段，近年来边坡锚固结构在各类工程建设中得到了广泛应用。尤其随着西部开发和建设力度逐步增大，特别是高等级公路干线的建设，边坡预应力锚固结构的使用大大增加。然而，随着服役年限的增加，边坡锚固结构在其内部或外部、人为或自然、物理或化学等因素作用下，将会发生材料老化与锚固结构性能损伤等不可逆的变化，这种损伤的长期累积必然导致边坡锚固结构力学性能的劣化，具体表现为锚固结构抗滑力下降、安全性降低。对于公路工程来说，边坡锚固结构长期损伤引起的抗滑能力降低或丧失，可能导致已加固的公路边坡发生变形破坏、滑坡复活，严重威胁交通行车安全，造成重大灾难和经济损失。因此，科学认识边坡锚固结构耐久性问题，发展有效的减灾关键技术，是未来公路边坡锚固结构维护与管理面临的一个重大课题。基于此，迫切需要开展公路边坡锚固结构安全性评价与修复关键技术方面的科学研究，全面提升我国边坡锚固结构在安全性评价、修复加固与耐久性设计等方面的技术水平，为我国公路边坡锚固结构维护与管理提供技术支撑。

为了便于我国广大工程技术人员和科研工作者更好地理解和掌握边坡锚固

结构作用机理,更加科学合理地进行边坡锚固工程设计,特编写本专著供专业技术人员、研究人员以及广大研究生参考。

本专著分机理篇、设计篇、维护篇,三篇共8章。其中,第1章由中科院水利部成都山地灾害与环境研究所何思明编写;第2章由中交第一公路勘察设计研究院有限公司丁小军、中科院水利部成都山地灾害与环境研究所罗渝共同编写;第3章由中交第一公路勘察设计研究院有限公司赵永国和西安中交土木科技有限公司彭泽友、吴清共同编写;第4章由中科院水利部成都山地灾害与环境研究所何思明、罗渝和中交第一公路勘察设计研究院有限公司赵永国、潘长平共同编写;第5、6章由中交第一公路勘察设计研究院有限公司丁小军、彭泽友和中科院水利部成都山地灾害与环境研究所罗渝、李新坡共同编写;第7章由中交第一公路勘察设计研究院有限公司高山和西安中交土木科技有限公司邹顺共同编写;第8章由中科院水利部成都山地灾害与环境研究所吴永和西安中交土木科技有限公司姚文奇共同编写,全书由何思明、罗渝统稿,丁小军校稿。

在本专著编撰过程中开展了大量研究工作,先后得到了四川省科技计划项目(2016SZ0067、2017SZ0041)、中国科学院STS项目“川藏铁路山地灾害分布规律、风险分析与防治试验示范”(KFJ-EW-STS-094)、国家重点基础研究计划(973)(2013CB733201)、国家重点研发计划(2016YFC0802206、2016YFC0802207和2016YFC0802701)、陕西省重点科技创新团队(2013KCT-20)、中国交建重大科技研发项目(2011-ZJKJ-04)等项目的资助,并得到了中交第一公路勘察设计研究院有限公司、中科院水利部成都山地灾害与环境研究所、西安中交土木科技有限公司、陕西省公路交通防灾减灾重点实验室的大力支持和帮助。

此外,本书在编写过程中还得到了国内外许多专家、学者的指导和帮助。人民交通出版社对于本书的出版给予了大力支持,在此一并表示感谢。

由于编著者水平有限,书中难免有错误和不妥之处,恳请批评指正。来函请寄中交第一公路勘察设计研究院有限公司(陕西省西安市高新区科技二路63号,邮编:710075,联系电话:029-88322888),中科院水利部成都山地灾害与环境研究所(四川省成都市人民南路四段九号,邮编:610041,电话:028-85228816)。

编著者

2017年3月

目　　录

第一篇　机　理　篇

第二篇　设　计　篇

第三篇 维 护 篇

第一篇

机 理 篇

作为公路边坡、滑坡加固防护的有效手段，边坡锚固结构在各类工程建设尤其是高等级公路建设中得到了广泛应用。然而随着服役年限的增加，边坡锚固结构在其内部或外部、人为或自然、物理或化学等因素作用下，出现了诸如预应力损失、锚固结构锈蚀、锚固力丧失等问题，进一步导致边坡失稳、滑坡复活等事故的发生。

目前人们对于边坡锚固结构作用机理认识尚不甚清楚，影响边坡锚固结构安全的一些关键问题，还存在争议。因此，本篇从预应力锚固结构作用机制出发，主要针对边坡锚固结构作用机理和耐久性机理两部分内容进行探讨，为锚固结构的设计和维护提供科学理论基础。

1 边坡锚固结构作用机理研究

1.1 边坡预应力锚索作用机理

1.1.1 基于修正剪滞模型的预应力锚索作用机理研究

剪滞理论作为研究复合材料力学问题的重要理论工具,自 1952 年 Cox 提出至今得到很大发展和改进,目前主要用于研究复合材料中纤维与基体界面的荷载传递特性。

已有研究成果表明:锚束体与浆体材料之间的结合应力,在中等坚硬及坚硬地层中呈指数分布,其分布形态取决于荷载大小,锚束体弹性模量与地层、浆体材料弹性模量间的比例,比值越小,锚固段外端应力越集中,比值越大,侧阻力分布越均匀。Hawkers&Evans(1951 年)以及后来的 Phillips 给出了一个钢材与浆体结合应力的计算公式:

$$\tau_x = \tau_0 \mathrm{e}^{-\frac{Ax}{d}} \tag{1-1}$$

式中:τ_x——距离锚固段外端 x 处的结合应力;

τ_0——锚固段外端的结合应力;

d——锚束体直径;

A——锚束体与浆体间的结合应力与主应力相关的常数。

以此为基础,进而可假定锚索锚固段浆体与岩体间也存在类似的关系式。

Farmer&Holmberg 等给出了锚索锚固段侧阻力计算公式(1-2),同样为指数形式:

$$\tau = \frac{\alpha}{2}\sigma \mathrm{e}^{-2\alpha\frac{x}{d_g}} \tag{1-2}$$

$$\alpha^2 = \frac{2G_r G_g}{E_b\left[G_r \ln\left(\frac{d_g}{d_b}\right) + G_g \ln\left(\frac{d_0}{d_g}\right)\right]}$$

$$G_r = \frac{E_r}{2(1+\upsilon_r)}$$

$$G_g = \frac{E_g}{2(1+\upsilon_g)}$$

式中： σ——锚固段法向应力；

E_b、E_r、E_g——钢绞线、岩体和灌浆材料的杨氏模量；

G_r、G_g——岩体和灌浆材料的剪切模量；

υ_r、υ_g——岩体和灌浆材料的泊松比；

d_g——钻孔直径；

d_0——岩体影响直径；

d_b——钢绞线直径；

α——与钢绞线、灌浆材料、岩体三者间的相对刚度有关的参数。

1)岩体、混凝土的剪切损伤本构模型

(1)岩体的剪切损伤本构模型

通过定义岩体的剪切损伤变量，推导了相应的剪切损伤本构方程及损伤演化方程。其中剪切损伤本构方程为：

$$\gamma = \frac{\tau}{G_r(1-D_r)} \tag{1-3}$$

式中：τ、γ——岩体剪应力和剪应变；

G_r、D_r——岩体的无损剪切模量和剪切损伤变量。

根据法向应力变化，在双对数坐标纸上点绘 $\lg(G_r/P_a)$ 和 $\lg(\sigma_n/P_a)$ 关系曲线，发现关系曲线近似为一直线，设直线的截距为 k，斜率为 n，则有：

$$G_r = kP_a\left(\frac{\sigma_n}{P_a}\right)^n \tag{1-4}$$

式中：P_a——大气压；

σ_n——法向应力；

k、n——材料常数。

损伤演化方程为：

$$D_r = 1-\left(1-R_f\frac{\tau}{c+\sigma_n\tan\varphi}\right)^2 \tag{1-5}$$

式中：c、φ——岩体黏聚力和内摩擦角；

τ、σ_n——接触面上的剪应力和法向应力；

R_f——岩体破坏比。

岩石的剪切损伤本构方程可表达为：

$$\tau = G_r\left(1 - R_f\frac{\tau}{c+\sigma_n\tan\varphi}\right)^2\gamma \tag{1-6}$$

(2)混凝土的剪切损伤本构模型

混凝土的损伤模型较多，以单向拉压的居多，而混凝土剪切损伤的理论模型很少，相应的试验资料也有限。本书根据 lemaitre 等效应变原理，通过弹性模量的损伤特性来推求混凝土的剪切损伤特性。

采用 lemaitre 关于混凝土受拉损伤的模型，可确定混凝土的剪切损伤本构关系：

$$\gamma = \frac{\tau}{G_h(1-D_h)} \tag{1-7}$$

式中：τ、γ——混凝土剪应力和剪应变；

G_h、D_h——混凝土的无损剪切模量和剪切损伤变量。

对应的混凝土剪切损伤演化方程为：

$$D_h = \left(\frac{\gamma}{\gamma_L}\right)^s \tag{1-8}$$

式中：γ_L——混凝土材料受剪损伤破坏时对应的剪切应变；

D_h——混凝土材料的剪切损伤变量；

s——模型参数。

因此，混凝土的剪切损伤本构模型可用下式表示：

$$\tau = G_h\left[1-\left(\frac{\gamma}{\gamma_L}\right)^s\right]\gamma \tag{1-9}$$

式中参数意义同上。

2)剪切滞模型

剪切滞模型(Shear Lag Model)被广泛应用于复合材料的界面应力分析，其最早由 Cox 提出。其基本原理是：纤维受到的轴向应力由界面上的剪应力来平衡，纤维本身只承受轴向荷载，而基体和界面只承受剪切荷载。后来，Tasi 发展了一种包含界面层的剪切滞模型。取长度为 dz 的微元体，微元体中包含有纤维、界面层及基体和无限大体，如图 1-1 所示。

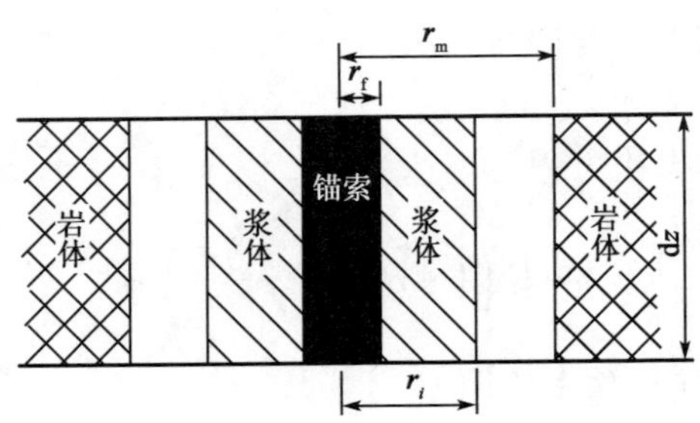

图 1-1　剪切滞模型计算简图

由图 1-1 可以看出,剪切滞模型与岩土工程中锚索、锚杆作用特点相似。以预应力锚索为例进行分析:剪滞模型中的纤维就相当于预应力锚索中锚固段的钢绞线,界面层可以模拟锚索中灌注的水泥浆,基体可以模拟稳定岩体;从受力状态来看,钢绞线与纤维都只受单向轴荷载,两者受力状况相同。由此可见,用剪切滞模型来分析预应力锚索是可行的。

设锚索半径为 r_f,灌浆材料厚度为 r_i,岩体厚度为 r_m(剪切变形可以忽略的最小范围),由静力平衡关系有:

$$\frac{dN_f}{dz}+2\pi r_i\tau_i=0 \tag{1-10}$$

$$\frac{dN_f}{dz}+2\pi r_m\tau_m=0 \tag{1-11}$$

因此有:

$$\tau_i r_i=\tau_m r_m=\tau r \tag{1-12}$$

以上式中:N_f——锚索承担的轴力;

r——界面及基体之间任一点到锚固体轴线的距离;

τ_i、τ_m——界面及基体内的剪应力;

τ——介于两者之间的任意点处的剪应力($r_f\leqslant r\leqslant r_m$)。

考虑位移边界条件:

$$\begin{cases} r=r_f \text{ 时}, w=w_1 \\ r=r_i \text{ 时}, w=w_2 \\ r=r_m \text{ 时}, w=0 \end{cases} \tag{1-13}$$

式中:w_1、w_2——界面层内外侧的轴向位移;

w——界面层内外侧之间任一点的轴向位移；

r_m——剪切变形离锚固体轴线的最小水平距离，可表示为：$r_m = 2.5(1-\upsilon)l$；

υ——岩体泊松比；

l——锚固段的长度。

由弹性理论可知：

$$\tau = G_i \frac{dw}{dr} \qquad (r_f \leqslant r \leqslant r_i) \tag{1-14}$$

式中：τ——界面层内的剪应力；

G_i——界面层的剪切模量。

$$\tau = \frac{\tau_i r_i}{r} \tag{1-15}$$

将式(1-13)代入式(1-11)积分得：

$$w = \frac{\tau_i r_i}{G_i} \ln r + c \tag{1-16}$$

将边界条件代入有：

$$\tau_i = \frac{(w_1 - w_2) G_i}{r_i \ln(r_i / r_f)} \tag{1-17}$$

同理：

$$\tau_m = \frac{-w_2 G_m}{r_m \ln(r_m / r_i)} \tag{1-18}$$

考虑纤维的平衡：

$$F = \pi r_f^2 \sigma_f = E_f \pi r_f^2 \frac{dw}{dz} \tag{1-19}$$

式中：E_f——锚索的弹性模量。

将式(1-17)～式(1-19)代入式(1-10)、式(1-11)，可得如下微分方程：

$$\frac{d^2 w_1}{dz^2} - \frac{2G_i}{E_f r_f^2 \ln(r_i / r_f)}(w_1 - w_2) = 0 \tag{1-20}$$

$$\frac{d^2 w_1}{dz^2} - \frac{2G_m}{E_f r_f^2 \ln(r_m / r_i)} w_2 = 0 \tag{1-21}$$

消去 w_2 后,变为:

$$\frac{\mathrm{d}^2 w_1}{\mathrm{d}z^2} - \alpha^2 w_1 = 0 \tag{1-22}$$

其中:

$$\alpha = \frac{2G_i/[E_f r_f^2 \ln(r_i/r_f)]}{1 + [G_i \ln(r_m/r_i)]/[G_m \ln(r_i/r_f)]} \tag{1-23}$$

求出方程的通解为:

$$w_1 = c_1 \cosh(\alpha z) + c_2 \sinh(\alpha z) \tag{1-24}$$

边界条件:

$$\begin{cases} z = 0, F = -P = -\pi r_f^2 \bar{\sigma} = E_f \pi r_f^2 \dfrac{\mathrm{d}w_1}{\mathrm{d}z} \\ z = l, w_1 = 0 \end{cases} \tag{1-25}$$

于是有:

$$w_1 = -\frac{\bar{\sigma}}{E_f \alpha}[-\tanh(\alpha l)\cosh(\alpha z) + \sinh(\alpha z)] \tag{1-26}$$

$$w_2 = \frac{r_f^2 E_f \alpha^2 \ln(r_m/r_i)}{2G_m} w_1 \tag{1-27}$$

则基体与界面层之间的界面剪应力为:

$$\tau_i = \frac{\bar{\sigma}}{\sqrt{2}}\left(\frac{G_m}{E_f}\right)^{1/2} \frac{r_f}{r_i} \cdot \frac{-\tanh(\alpha l)\cosh(\alpha z) + \sinh(\alpha z)}{[(G_m/G_i)\ln(r_i/r_f) + \ln(r_m/r_i)]^{1/2}} \tag{1-28}$$

纤维与界面层间的剪应力为:

$$\bar{\tau}_i = \frac{\bar{\sigma}}{\sqrt{2}}\left(\frac{G_m}{E_f}\right)^{1/2} \frac{-\tanh(\alpha l)\cosh(\alpha z) + \sinh(\alpha z)}{[(G_m/G_i)\ln(r_i/r_f) + \ln(r_m/r_i)]^{1/2}} \tag{1-29}$$

最大剪应力发生在 $z = 0$ 处,即:

$$\tau_{\max} = -\frac{\bar{\sigma}}{\sqrt{2}}\left(\frac{G_m}{E_f}\right)^{1/2} \frac{\tanh(\alpha l)}{[(G_m/G_i)\ln(r_i/r_f) + \ln(r_m/r_i)]^{1/2}} \tag{1-30}$$

因此,当采用剪切滞模型分析预应力锚索问题时,只要将钢绞线看作纤维,浆体材料看作界面层,稳定岩体看作基体,即可得到浆体材料与岩体间侧阻力分布计算公式(1-28)和钢绞线与浆体材料间的结合应力分布计算公式(1-29)。可以看出,两者之间按相同的规律变化,分布曲线的形状完全取决于参数 α 的变化,参数 α 的变化与钢绞线、浆体材料、岩体三者间的相对刚度有关。当岩体、浆体材料的刚度较大时,α 的取值越大,在锚固段端部应力集中越显著;相反,当岩体越软时,α 取值越小,侧阻力分布越均匀。

图 1-2 所示是在外荷载条件下侧阻力沿锚固段长度的变化情况。曲线图显示了锚固段侧阻力分布随 α 的变化规律,这一变化规律与现有文献报道的试验结果一致,进一步证明了剪切滞模型用于预应力锚索研究的可行性。同时,从分布曲线可以看出,当岩体较坚硬时,侧阻力分布主要集中在锚固段外端 2m 范围内,与三峡工程现场测试结果吻合。因此,预应力锚索设计时应注意避免盲目增加锚固段长度。

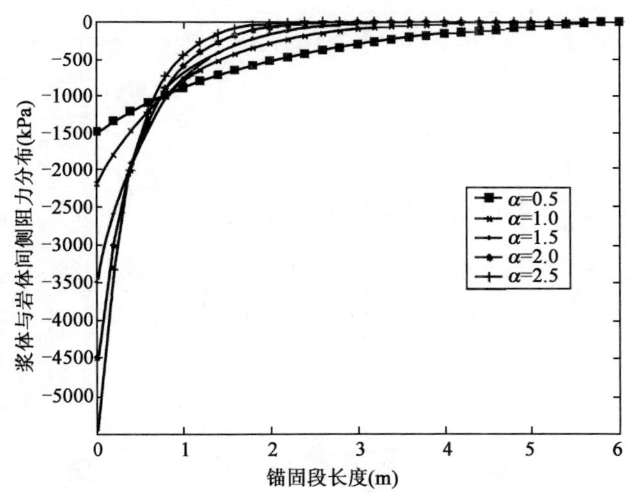

图 1-2 锚固段侧阻力分布曲线随 α 变化情况

3)基于损伤理论的修正剪切滞模型

考虑基体材料及界面层损伤的修正剪切滞模型,其相应的计算公式为:

$$\alpha = \frac{2G_{\mathrm{h}}(1-D_{\mathrm{h}})/[E_{\mathrm{f}}r_{\mathrm{f}}^{2}\ln(r_i/r_{\mathrm{f}})]}{1+[G_{\mathrm{h}}(1-D_{\mathrm{h}})\ln(r_{\mathrm{m}}/r_i)]/[G_{\mathrm{r}}(1-D_{\mathrm{r}})\ln(r_i/r_{\mathrm{f}})]} \tag{1-31}$$

式中:r_{f}、r_i、r_{m}——钢绞线半径、钻孔(浆体材料)半径及轴向位移可忽略的最小半径;

E_f、G_h、G_r——钢绞线的弹性模量、浆体材料及岩体的无损剪切模量；

D_h、D_r——浆体材料、岩体对应的剪切损伤变量。

浆体材料内外层的轴向位移为：

$$w_1 = -\frac{P}{\pi r_f^2 E_f \alpha}[-\tanh(\alpha l) l\cosh(\alpha z) + \sinh(\alpha z)] \tag{1-32}$$

$$w_2 = \frac{r_f^2 E_f \alpha^2 \ln(r_m/r_i)}{2G_r(1-D_r)} w_1 \tag{1-33}$$

式中：w_1、w_2——浆体材料内外侧的轴向位移；

P——施加在锚索上的外荷载。

锚索锚固段浆体与岩体之间的侧阻力分布为：

$$\tau = \frac{P}{\sqrt{2}\pi r_f^2}\left(\frac{G_r(1-D_r)}{E_f}\right)^{1/2}\frac{r_f}{r_i}\cdot\frac{-\tanh(\alpha l) l\cosh(\alpha z) + \sinh(\alpha z)}{\{[G_r(1-D_r)/G_h(1-D_h)]\ln(r_i/r_f) + \ln(r_m/r_i)\}^{1/2}} \tag{1-34}$$

式中符号意义同前。

钢绞线与浆体之间的剪应力分布计算公式为：

$$\tau_n = \frac{P}{\sqrt{2}\pi r_f^2}\left[\frac{G_r(1-D_r)}{E_f}\right]^{1/2}\frac{-\tanh(\alpha l) l\cosh(\alpha z) + \sinh(\alpha z)}{\{[G_r(1-D_r)/G_h(1-D_h)]\ln(r_i/r_f) + \ln(r_m/r_i)\}^{1/2}} \tag{1-35}$$

4）算例

某公路边坡由于切坡不当导致滑坡，经多方经济技术比较，拟采用预应力锚索支护。设计之前随机抽取一根锚索进行抗拔试验。锚索的基本情况如下：

锚索孔孔径 $D=140$mm，锚固段长度 $L=6$m，自由段长度 15m。锚固段岩体为砂岩，其无损剪切模量 $G_r=1.2$GPa，泊松比 $v=0.2$，抗剪强度指标为：$c=42$kPa、$\varphi=55°$，天然重度 $\gamma=22$kN/m^3。锚固埋设深度为 30m，锚索锚固段法向应力 $\sigma_n=660$kPa。钢绞线弹性模量 $E_f=195$GPa。锚索体由 6 束钢绞线组成；浆体材料为纯水泥浆，强度等级为 M30，水灰比为 0.45，无损弹性模量 $G_h=1.4$ GPa；注浆压力为 0.8MPa。试验采用循环加荷，共分为 6 个循环，初始荷载取为 137.5kN，终止荷载 1100kN。最后得到的锚索荷载位移 Q-S 曲线见图 1-3。采用本书提出的方法对本试验进行验证、理论计算(采用常规剪切滞模型和修正剪切滞模型分别进行计算)得到的锚固段荷载变位曲线见图1-3,侧阻力分布模式见图1-4(试验未测锚索侧阻力分布)。从结果看,锚固段的荷载位移曲线与实测结果较为一致,在高应力水平下,采用修正模型的计算结果更接近实测曲线;同时,采用修正剪切滞模型计算得出的侧阻力分布模式与常规剪切滞模型计算结果一致。模型计算时,相关的计算参数见表1-1。

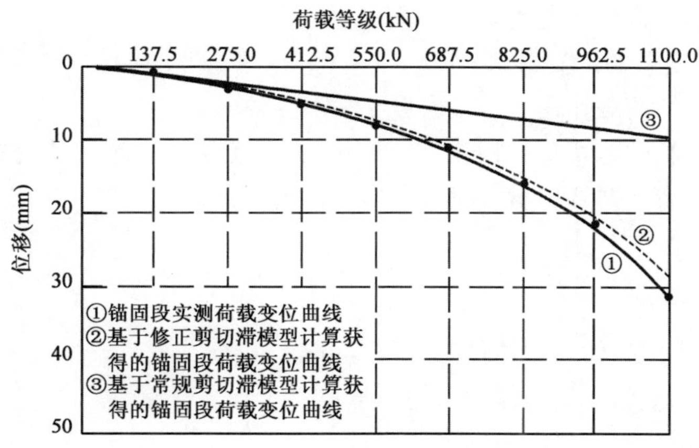

图1-3 预应力锚索荷载位移曲线

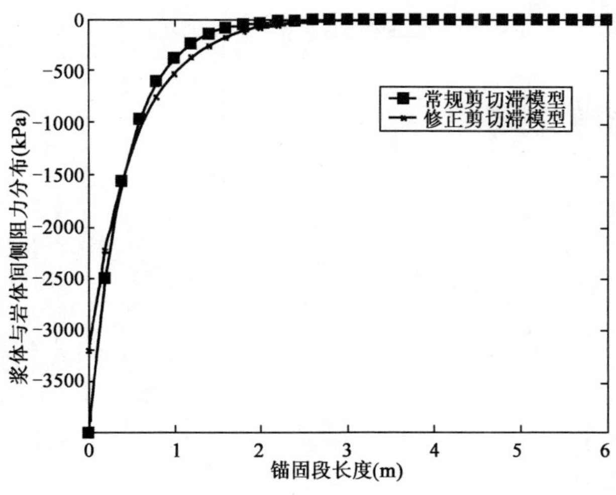

图1-4 预应力锚索荷载侧阻力分布

常规剪切滞模型及修正剪切滞模型相关模型参数 表 1-1

G_h (GPa)	G_r (GPa)	E_f (GPa)	ν	γ_L	s	L (m)	γ (kN/m^3)	r_f (mm)	r_i (mm)	P (kN)	c (kPa)	φ (°)	h (m)
1.2	1.4	195	0.2	0.22	1	6	22	20	70	1100	42	55	30

1.1.2 基于损伤理论的预应力锚索荷载—位移特性分析

1)岩体各向同性弹性剪切损伤模型

(1)损伤变量的定义

岩体在剪切荷载作用下,混凝土与岩体接触面处会受到剪切荷载的作用。为研究岩体材料的剪切损伤特性,本节引入损伤变量来描述岩体材料剪切模量的变化情况。岩体剪切模量对应的损伤变量定义为:

$$D_r = 1 - \frac{\hat{G}}{G} \tag{1-36}$$

式中:D_r——描述岩体剪切损伤的损伤变量;

G——无损状态下岩体的剪切模量;

$\hat{G}$——损伤后岩体的有效剪切模量。

定义上述材料损伤变量后,根据 Lemaitre 应变等效假设可得到岩体剪切损伤后的本构方程:

$$\gamma = \frac{\tau}{\hat{G}} = \frac{\tau}{G(1 - D_r)} \tag{1-37}$$

式中:τ——岩体剪切强度;

γ——剪应变。

(2)岩体损伤演化方程的描述

根据岩体与混凝土接触面上的剪切试验结果,建立损伤变量对应的损伤演化方程。众多试验表明:岩体与混凝土接触面上的剪应力与剪应变关系可用双曲线来拟合,即

$$\tau = \frac{\gamma}{a + b\gamma} \tag{1-38}$$

式中:τ——剪应力;

γ——剪应变;

a、b——材料参数。

岩体发生剪切损伤后，其有效剪切模量可按下式计算：

$$G_t = \frac{\partial \tau}{\partial \gamma} = \frac{a}{(a + b\gamma)^2} \tag{1-39}$$

整理得：

$$G_t = (1 - R_f s)^2 G_s \tag{1-40}$$

式中：R_f、s——土的破坏比和应力水平；

G_s——初始剪切模量。

试验表明：随着法向应力变化，在双对数坐标纸上点绘 $\lg(G_i/P_a)$ 和 $\lg(\sigma_n/P_a)$ 的关系曲线，则近似为直线，设直线的截距为 k，斜率为 n，则有：

$$G_s = kP_a\left(\frac{\sigma_n}{P_a}\right)^n \tag{1-41}$$

根据损伤变量 D 的定义，可得到其损伤演化方程：

$$D_r = 1 - (1 - R_f s)^2 \tag{1-42}$$

其中，应力水平可按下式计算：

$$s = \frac{\tau}{c + \sigma_n \tan\varphi} \tag{1-43}$$

式中：c、φ——土的黏聚力和内摩擦角；

P_a——大气压；

τ、σ_n——接触面上的剪应力和法向应力。

于是，岩体剪切损伤演化方程为：

$$D_r = 1 - \left(1 - R_f \frac{\tau}{c + \sigma_n \tan\varphi}\right)^2 \tag{1-44}$$

岩体剪切损伤随应力水平的变化曲线见图 1-5。

(3)锚固段浆体材料的损伤描述

在预应力荷载作用下，拉力型锚索锚固段浆体会受到损伤而产生拉裂缝，而钢绞线一般尚处于弹性阶段。因此，本书仅考虑锚固段浆体材料的损伤，而忽略钢绞线的损伤。从宏观力学角度出发，采用应变来描述锚固段浆体材料的受拉

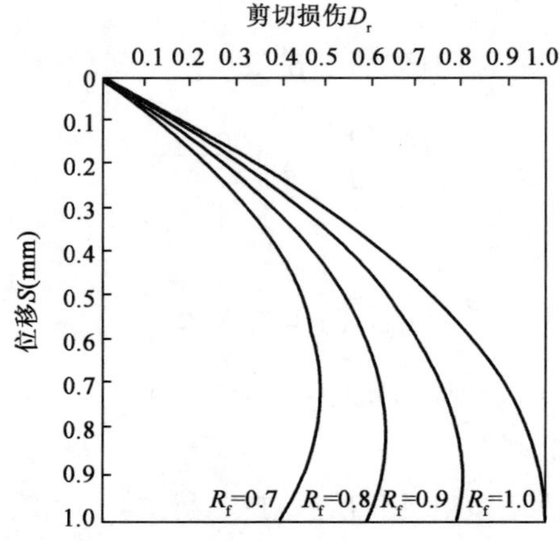

图1-5　岩体剪切损伤随应力水平的变化曲线

损伤,根据 Lemaitre 等提出的损伤本构模型,计算受拉锚固段浆体材料的损伤,相应的损伤本构方程及损伤演化方程可表达为:

$$\begin{cases} D_t = \left(\dfrac{\varepsilon}{\varepsilon_L}\right)^{s+1} \\ \sigma = E_h\varepsilon\left[1-\left(\dfrac{\varepsilon}{\varepsilon_L}\right)^{s+1}\right] \end{cases} \tag{1-45}$$

式中:E_h——浆体材料的初始变形模量;

ε——浆体材料应变;

ε_L——浆体材料受拉损伤破坏的应变;

D_t——浆体材料的受拉损伤变量;

s——模型参数,在本书中设为1。

在式(1-45)中,通常取 $s=0$、1、2、3,对应4种不同的损伤演化规律,其相应的损伤应力应变关系曲线见图1-6。损伤变量 D_t 在0~1之间变化,$D_t=0$ 表示混凝土处于无损状态;$D_t=0\sim0.5$ 表示混凝土处于逐步损伤阶段,在应力—应变曲线上处于非线性阶段;$D_t=0.5\sim1$ 表示浆体材料内部的损伤断裂逐步加剧,在应力—应变关系图上上升段较少,甚至为0,大部分处于下降段,即软化阶段;$D_t=1$ 表示浆体材料完全破坏,此时浆体材料的承载力为0。由于施加的预应力一般为设计荷载的70%~80%,且钢绞线尚处于弹性变形阶段,因此,本书在计算时取 $D_t=0.7$。

(4)考虑损伤锚固段荷载传递微分方程

预应力锚索锚固段在张拉荷载作用下,浆体材料会产生张拉裂缝,浆体发生损伤。但在相同应力水平条件下,钢绞线一般尚处于弹性变形阶段,因此可以忽略其损伤。根据受拉浆体材料的损伤理论,研究基于浆体材料损伤的锚固段荷载传递微分方程。

考察图 1-7 所示的锚固段,在预应力荷载作用下,外荷载通过锚固段的侧阻力传递到周围稳定岩体中,取一微段进行研究。

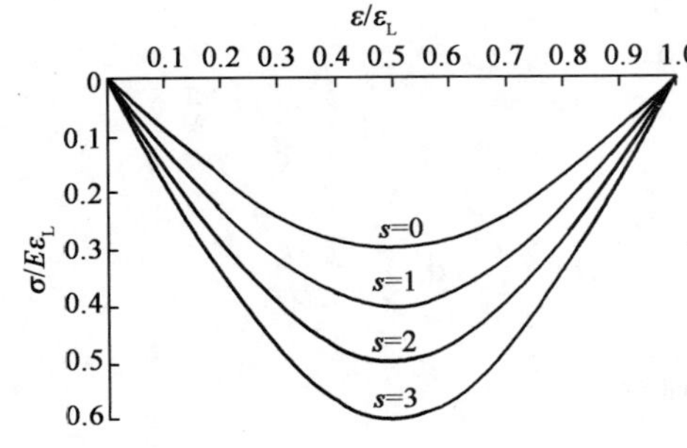

图 1-6 浆体非线性损伤本构模型

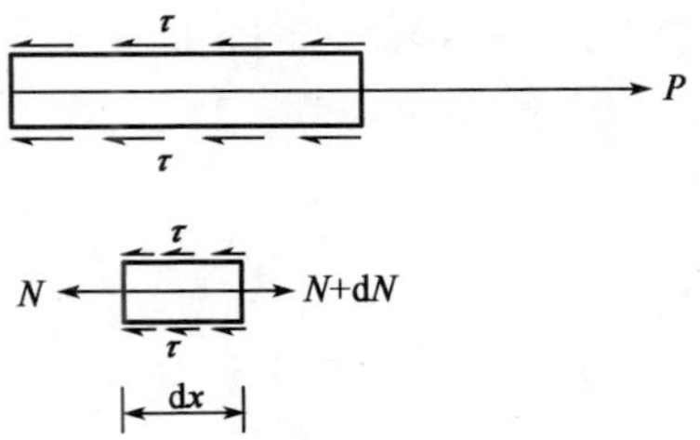

图 1-7 锚固段荷载传递特性

首先,假定浆体材料与钢绞线之间不存在滑移,即两者变形协调,由此可以确定浆体材料和钢绞线所分担的荷载。微段沿轴向的荷载平衡关系为:

$$dN = \pi\tau D dz \tag{1-46}$$

式中:τ——锚固段的侧阻力;

D——锚固体直径。

$$N = \sigma_g A_g + \sigma_h A_h \tag{1-47}$$

式中:σ_g——钢绞线的拉应力;

A_g——钢绞线的截面积;

σ_h——浆体材料承担的拉应力;

A_h——浆体材料的截面积。

钢绞线应力应变方程为:

$$\sigma_g = E_g \varepsilon \tag{1-48}$$

式中:E_g——钢绞线的弹性模量。

由浆体材料的损伤本构方程可知:

$$N = E_g \varepsilon A_g + E\varepsilon\left[1 - \left(\frac{\varepsilon}{\varepsilon_L}\right)^{s+1}\right]A_h \tag{1-49}$$

对上式微分得：

$$dN = (E_g A_g + EA_h)d\varepsilon - \frac{E(s+2)A_h}{\varepsilon_L^{s+1}}\varepsilon^{s+1}d\varepsilon \tag{1-50}$$

代入式(1-46)得：

$$(E_g A_g + EA_h)\frac{d\varepsilon}{dz} - \frac{(s+2)EA_h}{\varepsilon_L^{s+1}}\varepsilon^{s+1}\frac{d\varepsilon}{dz} = \pi D\tau \tag{1-51}$$

$$\varepsilon = \frac{dw}{dz}$$

式中：w——锚固体的轴向变形量。

因此，下式成立：

$$(E_g A_g + EA_h)\frac{d^2w}{dz^2} - \frac{(s+2)EA_h}{\varepsilon_L^{s+1}}\left(\frac{dw}{dz}\right)^{s+1}\frac{d^2w}{dz^2} = \pi D\tau \tag{1-52}$$

设锚固体的配筋率为$\xi(\xi = A_g/A)$，则有：

$$[E_g\xi + E(1-\xi)]\frac{d^2w}{dz^2} - \frac{(s+1)E}{\varepsilon_L^{s+1}}(1-\xi)\left(\frac{dw}{dz}\right)^{s+1}\frac{d^2w}{dz^2} = \frac{4\tau}{D} \tag{1-53}$$

令：

$$a = E_g\xi + E(1-\xi);\ b = \frac{(s+1)E}{\varepsilon_L^{s+1}}(1-\xi)$$

于是，式(1-53)可简化为：

$$\left[a - b\left(\frac{dw}{dz}\right)^{s+1}\right]\frac{d^2w}{dz^2} = \frac{4\tau}{D} \tag{1-54}$$

此式即为考虑浆体材料受力损伤的锚固段荷载传递微分方程。

2)基于岩体剪切损伤的剪切位移法

(1)常规剪切位移法研究锚固段荷载位移特性

剪切位移法常用于单桩沉降计算，该方法理论合理，计算简单，容易求得解析解，深受广大岩土工程师的认可。采用剪切位移法来研究基坑锚杆的荷载—位移特性已获得了成功，本节将剪切位移法的思想用于研究预应力锚索的荷载位移特性。

预应力锚索在轴向荷载作用下，其锚固段周围的变形岩体可理想的视为同心圆柱体(图1-8)，从圆柱体中取一微单元体进行力学分析，根据竖向力的平衡方程有：

$$\frac{\partial}{\partial r}(\tau_{rz}\cdot r)+r\frac{\partial\sigma_z}{\partial z}=0 \tag{1-55}$$

式中：τ_{rz}——剪应力；

σ_z——竖向应力；

r——离锚固体轴线的水平距离。

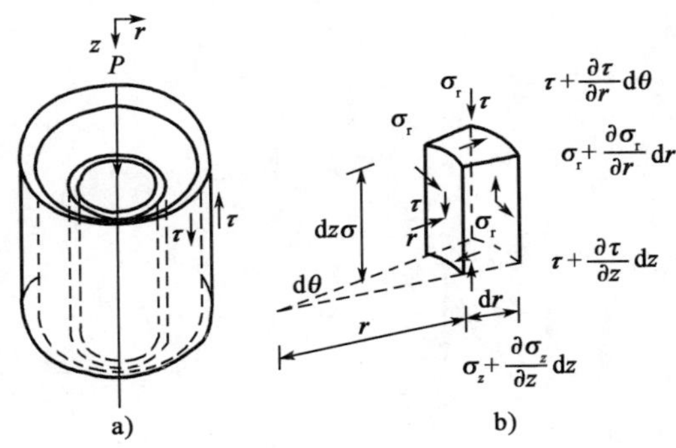

图 1-8 锚固段的剪切位移分析

锚索体受力后，锚固段附近岩体剪应力的增大远大于竖向应力的变化，故可以忽略$\frac{\partial\sigma_z}{\partial z}$项的影响，于是式(1-55)可简化为：

$$\frac{\partial}{\partial r}(\tau_{rz}\cdot r)=0 \tag{1-56}$$

$$\tau_{rz}=\frac{\tau_0 r_0}{r} \tag{1-57}$$

式中：τ_0、r_0——锚固体侧剪应力和锚固体半径；

r——离锚固体轴线的水平距离。

根据轴对称问题的几何方程和物理方程有：

$$\gamma=\frac{\partial u}{\partial z}+\frac{\partial w}{\partial r}=\frac{\tau}{G_s} \tag{1-58}$$

$\tau_{rz}=\frac{\tau_0 r_0}{r}$，略去$\frac{\partial u}{\partial z}$项，对式(1-58)两边取积分，得到岩体内任一深度处水平面上的竖向位移：

$$\begin{cases} w(z,r)=\dfrac{\tau_0 r_0}{G_s}\ln\left(\dfrac{r_m}{r}\right) & (r_0\leqslant r\leqslant r_m) \\ w(z,r)=0 & (r\geqslant r_m) \end{cases} \tag{1-59}$$

式中：G_s——锚固体范围内岩体剪切模量；

r_m——剪切变形可忽略的离锚固体轴线的最小水平距离，建议 $r_m=2.5(1-\mu_s)l$；

l——锚固段长度；

μ_s——岩体的泊松比。

对于同一深度的锚索，锚固体竖向位移随水平径向距离的变化的关系（图1-9）：

$$w(r)=\frac{\tau_0 r_0}{G_s}\ln\left(\frac{r_m}{r_0}\right) \tag{1-60}$$

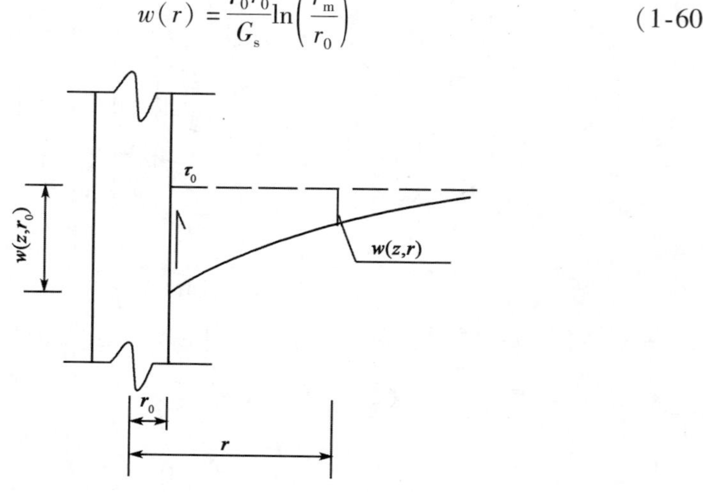

图1-9　锚固段竖向位移随径向距离变化特性

视锚固体位移与周围岩体变形协调，于是锚固体位移方程为：

$$\frac{\partial^2 w}{\partial z^2}-\frac{k}{AE_p}w=0 \tag{1-61}$$

$$k=\frac{2\pi G_s}{\ln(r_m/r_0)}$$

式中：E_p——周围岩体的弹性模量；

w——锚固体变形量。

式(1-61)的通解为：

$$w=c_1 e^{r_1 z}+c_2 e^{r_2 z} \tag{1-62}$$

式中：c_1、c_2——待定参数，即

$$r_1=\sqrt{\frac{k}{AE_p}},r_2=-\sqrt{\frac{k}{AE_p}}$$

相应的轴力方程为：

$$P_z = -AE_p \frac{\partial w}{\partial z} = -AE_p (c_1 r_1 e^{r_1 z} - c_2 r_1 e^{r_2 z}) \tag{1-63}$$

预应力锚索锚固段对应的边界条件为：

$$P = -AE_p (c_1 r_1 - c_2 r_1) \tag{1-64}$$

$$-AE_p (c_1 r_1 e^{r_1 l} - c_2 r_1 e^{r_2 l}) = 0 \tag{1-65}$$

由此，可计算出待定参数的值：

$$c_1 = \frac{P}{Ar_1 (e^{2r_1 l} - 1) E_p} \tag{1-66}$$

$$c_2 = \frac{Pe^{2r_1 l}}{Ar_1 (e^{2r_1 l} - 1) E_p} \tag{1-67}$$

(2)基于岩体剪切损伤的剪切位移法

考虑剪切损伤时，岩体损伤本构方程为：

$$\gamma = \frac{\partial u}{\partial z} + \frac{\partial w}{\partial r} = \frac{\tau}{G_t} = \frac{\tau}{G_s (1 - D_r)} \tag{1-68}$$

$\tau_{rz} = \frac{\tau_0 r_0}{r}$，略去$\frac{\partial u}{\partial z}$项，根据岩体损伤演化方程，式(1-68)可写为：

$$\frac{\partial w}{\partial r} = \frac{\tau_0 r_0}{G_s \left[1 - R_f \frac{\tau_0 r_0}{(c + \sigma_n \tan\varphi) r}\right]^2 r} \tag{1-69}$$

考虑边界条件对上式进行积分。

当 $r_0 \leqslant r \leqslant r_m$ 时：

$$w(z,r) = \frac{\tau_0 r_0}{G_s} \ln \left(\frac{r_m + R_f \frac{\tau_0 r_0}{c + \sigma_n \tan\varphi} - 1}{r - R_f \frac{\tau_0 r_0}{c + \sigma_n \tan\varphi} - 1} \right) +$$

$$R_f \frac{(\tau_0 r_0)^2}{G_s (c + \sigma_n \tan\varphi)} \left(\frac{1}{R_f \frac{\tau_0 r_0}{c + \sigma_n \tan\varphi} - r_m} - \frac{1}{R_f \frac{\tau_0 r_0}{c + \sigma_n \tan\varphi} - r} \right) \tag{1-70}$$

当 $r > r_m$ 时，满足边界条件：$w(z,r) = 0$。此时对于一定深度，锚固体竖向位移随水平径向距离变化的关系为：

$$w(r)=\frac{\tau_0 r_0}{G}\ln\left(\frac{r_m+R_f\dfrac{\tau_0 r_0}{c+\sigma_n\tan\varphi}-1}{r_0-R_f\dfrac{\tau_0 r_0}{c+\sigma_n\tan\varphi}-1}\right)+$$

$$R_f\frac{(\tau_0 r_0)^2}{G(c+\sigma_n\tan\varphi)}\left(\frac{1}{R_f\dfrac{\tau_0 r_0}{c+\sigma_n\tan\varphi}-r_m}-\frac{1}{R_f\dfrac{\tau_0 r_0}{c+\sigma_n\tan\varphi}-r_0}\right)\qquad(1\text{-}71)$$

式中符号物理意义同前。

由于锚固体与周围岩体荷载、变形的协调关系，联解锚固体荷载传递微分方程式(1-54)及式(1-70)，并根据边界条件，可求得锚固体的荷载—位移关系，进而得到锚固体轴力分布及侧阻力分布特性。

上述非线性微分方程不能直接求解，需采用迭代法计算，其迭代步骤如下：

①根据已有锚固段侧阻力分布特性的测试资料，给锚固段侧阻力赋初值函数 $\tau_0(z)$，可假设成为三次抛物线函数(或三次以上的多项式函数)。

②将假定的侧阻力分布函数代入式(1-70)中，计算锚固段位移分布函数$w_1(z)$。

③将第②步计算得到的变形函数代入锚固段荷载传递微分方程式(1-54)，并根据边界条件计算经一次迭代得到的侧阻力分布函数 $\tau_1(z)$。

④将 $\tau_1(z)$代入方程(1-70)，计算出 $w_2(z)$。

⑤将 $w_2(z)$代入方程(1-54)及相应边界条件中，计算出经二次迭代得到的侧阻力分布函数 $\tau_2(z)$。

⑥按上述步骤进行多次迭代，直到前后二次侧阻力分布规律基本相同为止，此时侧阻力分布函数即为锚固段的实际侧阻力分布，相应的锚固段位移分布即为锚固体实际的位移分布。

3)算例

某高陡边坡拟采用预应力锚索挡土墙支护，设计之前抽取三根试验锚索进行试验，以指导设计。锚索的基本情况如下：

锚索孔孔径 $D=140\text{mm}$(截面积 $A=15386\text{mm}^2$)，采用 GX-1T 地质钻机成孔，锚固段长度 $L=7\text{m}$，自由段长度 15m，倾角 15°。锚固段岩体为砂岩，较完整，其无损剪切模量 $G_s=2.27\times10^4\text{MPa}$，泊松比 $\mu_s=0.28$，抗剪强度指标为：$c=42\text{kPa}$、$\varphi=55°$，天然重度 $\gamma=22\text{kN/m}^3$，锚固埋设深度为 41m，由此确定锚索锚固段法向应力为 $\sigma_n=880\text{kPa}$。钢绞线为高强度低松弛钢绞线，规格为 $\phi15.24$，标准抗拉强度为 1860MPa，弹性模量 $E_g=1.95\times10^5\text{MPa}$，锚索体由 5 束钢绞线组

成，截面面积为 $A_g=700\text{mm}^2$，锚固段配筋率为 $\xi=4.55\%$；浆体材料为纯水泥浆，强度等级为 M30，水灰比为 0.45，截面面积 $A_h=14686\text{mm}^2$，无损弹性模量 $E_h=2.1\times10^4\text{MPa}$；注浆设备为 100/2.5 型砂泵，注浆压力为 0.65MPa。锚具选用 OVM 锚具，张拉千斤顶为 YCW150 型，油泵为 SYB-3 型油泵。

试验采用循环加荷，共分成 6 个循环，初始荷载取为 1375kN。图 1-10、图 1-11分别为采用本书提出的理论方法和试验得出的 1 号锚索荷载位移 Q-S 曲线以及锚索 Q-S_e 和 Q-S_p 曲线。可以看出，锚固段的荷载位移曲线和侧阻力分布模式的理论计算值与实测结果较为一致。

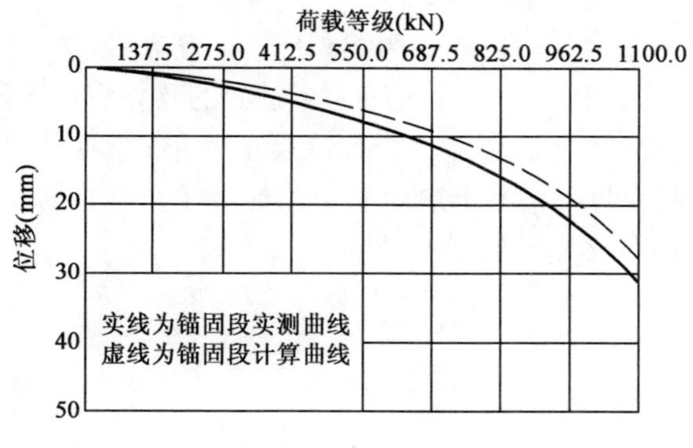

图 1-10 锚索试验荷载位移曲线

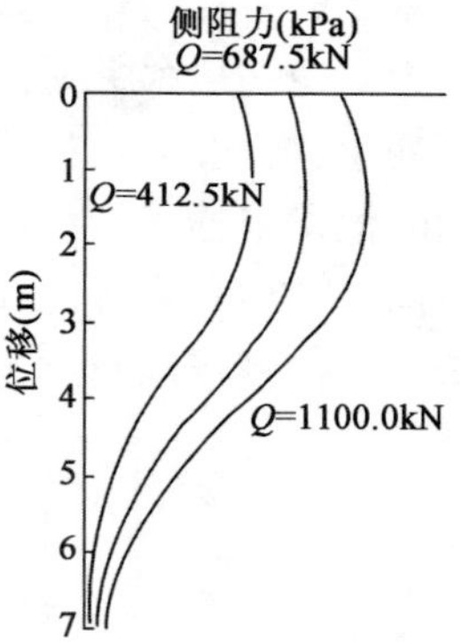

图 1-11 锚固段侧阻力分布模式

1.1.3 胶结式预应力锚索锚固段荷载传递特性研究

预应力锚索设计的关键是确定锚固段中灌浆材料与稳定岩体之间的侧阻力分布模式及其荷载变位特性。由于问题的复杂性，现有研究均假设侧阻力分布模式为均匀分布。但大量的实测结果表明：锚固段侧阻力并非均匀分布，而是在其前段形成峰值，然后逐步向末端减少并最终趋近于0。因而，按照均匀分布模式计算是不合理的，甚至是不安全的。为此，如何正确确定锚固段的侧阻力分布模式以及荷载传递特性，对于预应力锚索的设计和应用有极其重要的现实意义。

对于胶结式预应力锚索，内锚固段依赖锚束体同灌浆材料以及其与周围岩体之间的相互作用传递外荷载。具体的传力路径为：锚束体→灌浆材料→周围岩体。预应力锚索体系的极限抗拔承载力主要取决于内锚固段灌浆材料与锚束之间、灌浆材料与岩体之间的剪切强度以及灌浆材料与束体的抗拉强度等。内锚固段相对于加固范围内应力叠加区或塑性区的长度直接关系到其加固效果，同时关系到内锚固段的轴向应力和剪应力的分布形式。

外加荷载通过灌浆材料传递给周围稳定岩体,其传力路径主要有径向应力和剪应力两种形式。灌浆材料与周围岩体剪切强度的大小直接决定了极限抗拔承载力的大小,此部分剪切强度一般由以下三部分组成:

(1)黏结力。灌浆材料与周围岩体界面之间的黏结力。

(2)嵌固力。钻孔孔壁表面起伏不平时,灌浆材料与孔壁间产生的嵌固力。

(3)摩擦力。灌浆材料与周围岩体之间产生相对位移时,接触面上产生的摩擦力。

1)预应力锚索锚固段剪应力—剪切位移关系曲线

采用三阶段线性函数来描述预应力锚索锚固段岩体与灌浆材料接触面上的剪应力—剪切位移关系。第Ⅰ阶段为弹性阶段,接触面上剪应力与剪切位移呈比例变化,在此阶段,接触面处于无损状态;第Ⅱ阶段为接触面的软化损伤阶段,采用降模量来描述接触面上剪应力随剪切位移增长而降低的性质;第Ⅲ阶段为接触面上的残余强度,此时接触面处于完全损伤状态,只有摩擦阻力存在。上述三阶段线性模型的剪应力—剪切位移关系如图1-12所示。

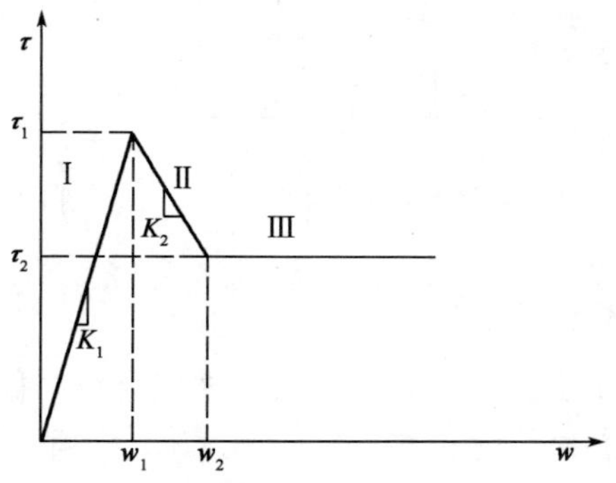

图1-12 软化型岩体剪应力—剪切位移关系

软化型岩体的剪应力—剪切位移关系可表示为:

$$\tau = Kw + \xi \tag{1-72}$$

式中:τ——剪应力;

w——剪切位移;

K、ξ——材料参数,可通过试验确定。

对应于不同阶段的剪应力—剪切位移关系可分别表述为:

(1)当 $0 \leqslant w \leqslant w_1$ 时

$$\begin{cases} K = K_1 = \dfrac{\tau_1}{w_1} \\ \xi = 0 \end{cases} \tag{1-73}$$

（2）当 $w_1 \leqslant w \leqslant w_2$ 时

$$\begin{cases} K = K_2 = \dfrac{\tau_1 - \tau_2}{w_1 - w_2} \\ \xi = \dfrac{\tau_2 w_1 - \tau_1 w_2}{w_1 - w_2} \end{cases} \tag{1-74}$$

（3）当 $w_2 \leqslant w$ 时

$$\begin{cases} K = 0 \\ \xi = \tau_2 \end{cases} \tag{1-75}$$

以上式中：K_1、K_2——材料参数，可通过试验确定；

τ_1——锚固段极限黏结强度；

τ_2——锚固段残余黏结强度；

w_1——锚固段极限黏结强度对应的剪切位移；

w_2——锚固段残余黏结强度对应的最小剪切位移。

2）预应力锚索锚固段剪切位移

假设围岩体和灌浆材料均为弹性介质，根据剪切滞模型的基本原理可知，预应力锚索锚固段任意位置处的剪切位移可按式(1-76)计算：

$$w(z) = \frac{\alpha \ln(r_m/r_i)P}{2\sqrt{2}G_r\pi}[\tanh(\alpha l)\cosh(\alpha z) - \sinh(\alpha z)] \tag{1-76}$$

$$\alpha = \frac{2G_r/[E_f r_f^2 \ln(r_i/r_f)]}{1 + [G_r \ln(r_m/r_i)]/[G_m \ln(r_i/r_f)]}$$

$$r_m = 2.5(1 - \nu)l$$

以上式中：$w(z)$——锚固段位置 z 处的剪切位移；

P——预应力荷载；

r_f——钢绞线半径；

G_r——围岩体剪切模量；

E_f——钢绞线弹性模量；

G_m——灌浆材料剪切模量；

r_i——锚固段半径。

由于围岩体具有软化特性，当施加的预应力荷载所引起的最大侧阻力超过其极限黏结强度，岩体就会发生软化，并随着剪切位移的进一步增加，最终进入残余强度阶段。

1.1.4 预应力锚索锚固长度计算

在张拉荷载作用下，预应力锚索锚固段典型的侧阻力分布模式，见图 1-13。根据张拉荷载的大小，锚固段的长度可分三种情况进行计算。

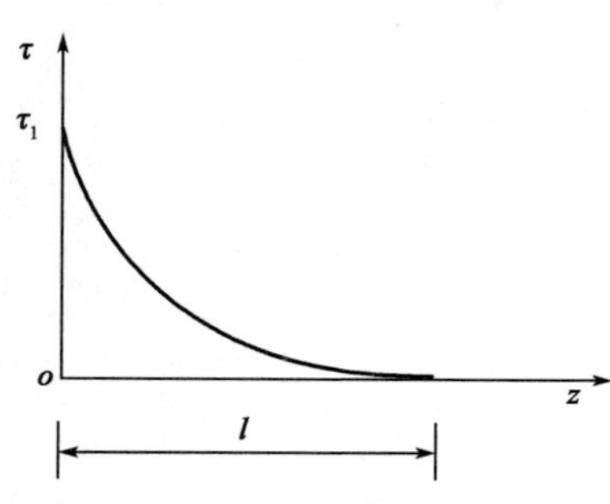

图 1-13 弹性阶段锚固段侧阻力分布

1）弹性极限阶段

设预应力锚索在张拉荷载 P_1 作用下，锚固段端部剪切位移为 w_1，相应的张拉荷载定义为弹性极限荷载 P_1，此时有：

$$\frac{\alpha\ln(r_m/r_i)P_1}{2\sqrt{2}G_r\pi}\tanh(\alpha l) = w_1 \tag{1-77}$$

根据围岩体与灌浆材料接触面上的剪应力—剪切位移关系，得到相应阶段锚固段的侧阻力分布公式为：

$$\tau(z) = K_1 w(z) = K_1\frac{\alpha\ln(r_m/r_i)P_1}{2\sqrt{2}G_r\pi}\cdot[\tanh(\alpha l)\cosh(\alpha z) - \sinh(\alpha z)] \tag{1-78}$$

根据锚固段力的平衡条件，可计算相应的锚固段长度。此时有：

$$\begin{aligned} P_1 &= \int_0^l \pi D\tau(z)\,\mathrm{d}z \\ &= \int_0^l \pi DK_1\frac{\alpha\ln(r_m/r_i)P_1}{2\sqrt{2}G_r\pi}\cdot[\tanh(\alpha l)\cosh(\alpha z) - \sinh(\alpha z)]\,\mathrm{d}z \end{aligned} \tag{1-79}$$

式中：D——锚固段直径。

经整理可得：

$$\int_0^l DK_1\frac{\alpha\ln(r_m/r_i)}{2\sqrt{2}G_r}[\tanh(\alpha l)\cosh(\alpha z) - \sinh(\alpha z)]\,\mathrm{d}z = 1 \tag{1-80}$$

求解式(1-79)可得到弹性极限抗拔荷载作用下锚固段的长度,根据式(1-80)可得到锚固段的侧阻力分布。

2)塑性阶段

设预应力锚索在张拉荷载 P_2 作用下,锚固段端部剪切位移为 w_2,相应的张拉荷载定义为塑性极限荷载 P_2,此时有:

$$\frac{\alpha\ln(r_{\mathrm{m}}/r_i)P_2}{2\sqrt{2}G_{\mathrm{r}}\pi}\tanh(\alpha l)=w_2 \tag{1-81}$$

根据围岩体与灌浆材料接触面上的剪应力—剪切位移关系(图1-14)的三阶段方程,可计算出不同阶段锚固段的侧阻力分布公式。

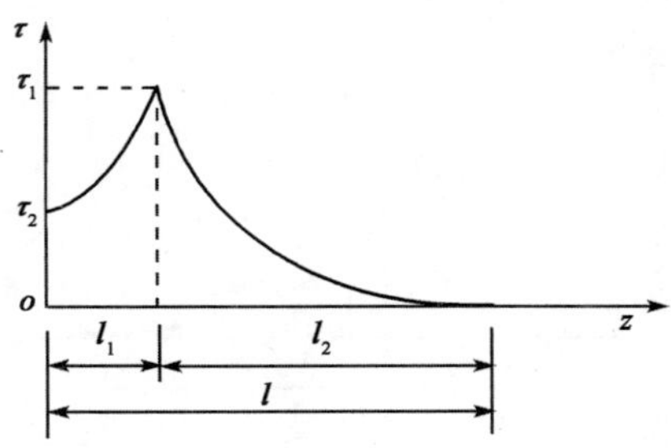

图1-14 塑性阶段锚固段侧阻力分布

(1)软化段侧阻力($w_1 \leqslant w \leqslant w_2$)

$$\begin{aligned}\tau(z)&=K_2w(z)+\xi\\&=K_2\frac{\alpha\ln(r_{\mathrm{m}}/r_i)P_2}{2\sqrt{2}G_{\mathrm{r}}\pi}\cdot[\tanh(\alpha l)\cosh(\alpha z)-\sinh(\alpha z)]+\xi\end{aligned} \tag{1-82}$$

(2)弹性段侧阻力($0 \leqslant w \leqslant w_1$)

$$\begin{aligned}\tau(z)&=K_1w(z)\\&=K_1\frac{\alpha\ln(r_{\mathrm{m}}/r_i)P_2}{2\sqrt{2}G_{\mathrm{r}}\pi}\cdot[\tanh(\alpha l)\cosh(\alpha z)-\sinh(\alpha z)]\end{aligned} \tag{1-83}$$

可以看出,锚固段的长度由两段组成,一是弹性段,二是塑性软化段,根据锚固段的荷载平衡条件,有:

$$P_2=\int_{l_1}^{l}\pi D[K_1w(z)]\mathrm{d}z+\int_0^{l_1}\pi D[K_2w(z)+\xi]\mathrm{d}z \tag{1-84}$$

式中：l_1——塑性软化段长度。

将锚固段的剪切位移公式代入式(1-84)，经整理得：

$$\int_{l_1}^{l} K_1[\tanh(\alpha l)\cosh(\alpha z) - \sinh(\alpha z)]\mathrm{d}z + \int_{0}^{l_1}\{K_2[\tanh(\alpha l)\cosh(\alpha z) - \sinh(\alpha z)] + \xi\}\mathrm{d}z = \frac{2\sqrt{2}G_{\mathrm{r}}}{D\alpha\ln(r_{\mathrm{m}}/r_i)} \tag{1-85}$$

根据式(1-85)，即可计算预应力锚索在塑性极限荷载作用下的锚固段长度。

3)残余强度阶段($P \geqslant P_2$)

当锚固段起点处的剪切位移大于 w_2 时，部分锚固段的剪应力进入残余强度阶段，典型的锚固段侧阻力分布如图 1-15 所示。

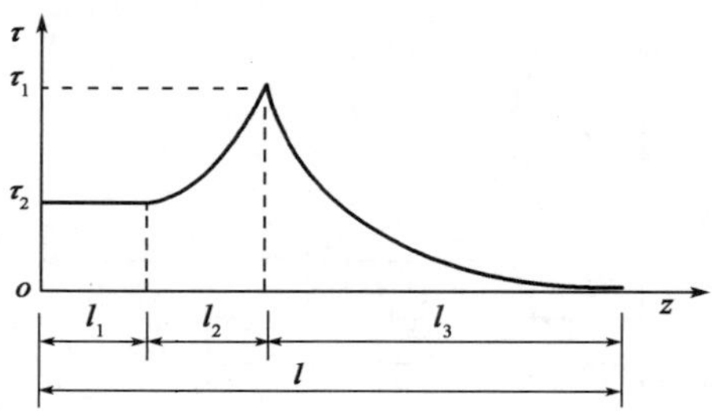

图 1-15 典型的锚固段侧阻力分布

此时，锚固段长度应由三部分组成：弹性段、软化段以及残余段长度。即：

$$l = l_1 + l_2 + l_3 \tag{1-86}$$

式中：l、l_3、l_2、l_1——锚固段的总长度、弹性段长度、软化段长度及残余段长度。

根据力的平衡条件，有：

$$P = \int_{0}^{l_1}\pi D\tau_2\mathrm{d}z + \int_{l_1}^{l_1+l_2}\pi D[K_2 w(z) + \xi]\mathrm{d}z + \int_{l_1+l_2}^{l}\pi D K_1 w(z)\mathrm{d}z \tag{1-87}$$

式中：τ_2——锚固段与灌浆材料接触面上的残余强度。

将锚固段上的剪切位移公式代入式(1-87)，通过迭代法即可计算出相应的锚固段长度和侧阻力分布。

1.1.5 算例

某锚索孔孔径 130mm，锚固段设计长度 7.0m，锚固段周围岩体为砂岩，较完整，钢绞线为高强度低松弛钢绞线，规格为 ϕ15.24，标准破断强度为

1860MPa,锚索体由5束钢绞线组成,浆体材料为纯水泥浆,强度等级为M30,水灰比为0.45,注浆设备为100/2.5型砂泵,注浆压力为0.65MPa。锚具选用OVM锚具,张拉千斤顶为YCW150型,油泵为SYB-3型油泵。假设锚固段灌浆材料与围岩体之间的剪应力—剪切位移关系曲线为典型的软化型曲线,其相应的参数见表1-2。围岩体、砂浆和钢绞线的力学参数见表1-3。

锚固段剪应力—剪切位移关系相应参数　　表1-2

τ_1(MPa)	τ_2(MPa)	w_1(mm)	w_2(mm)	K_1(MPa/mm)	K_2(MPa/mm)
6.8	4.8	6.2	11.2	1.2	0.4

围岩体、砂浆和钢绞线的力学参数　　表1-3

G_r(MPa)	ν	G_m(MPa)	E_f(MPa)	r_i(mm)	r_f(mm)
1.5×10^4	0.28	2.1×10^4	1.95×10^5	65	38

根据上述参数,利用本书提出的理论方法对预应力锚索锚固段剪应力分布特性进行分析。

图1-16为在设计荷载500kN作用下,预应力锚索锚固段不同位置处的剪切位移。

由此可以看出:在锚固段1m位置处,其对应的剪切位移达到w_1;在0.8m位置处,剪切位移刚好达到w_2,锚固段在0~0.8m段处于残余剪切阶段;在0.8~1.0m段处于塑性软化阶段;在1.0~5.0m段尚处于弹性变形阶段。

图1-17为锚固段剪应力分布曲线。由此可以看出:在设计预应力荷载作用下,锚固段的剪应力主要分布在3m范围内,超过部分分担的荷载几乎为0;锚固段剪应力分布为一单峰曲线,其峰值位置随施加荷载的大小而前后移动。

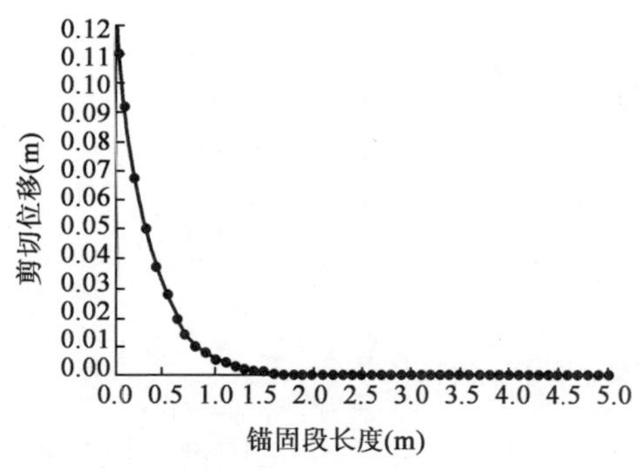

图1-16　锚固段剪切位移曲线

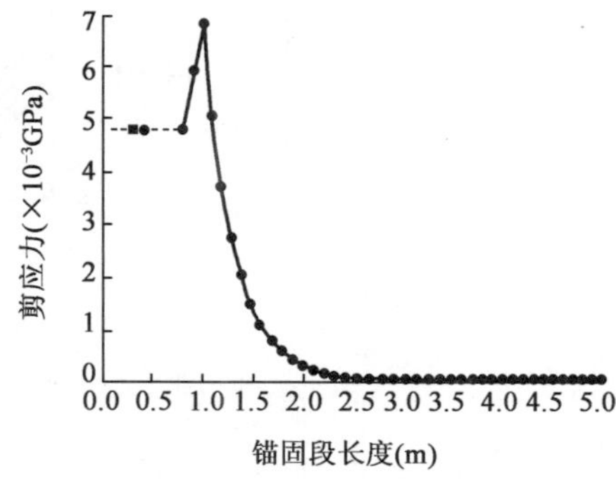

图1-17　锚固段剪应力分布曲线

1.2 边坡锚杆作用机制

1.2.1 全长黏结式锚杆

全长黏结式灌浆锚杆作为边坡防护、加固工程的主要构件，能有效控制岩体变形，对岩体的强度和变形特性起着非常重要作用，尤其是在节理岩体中，锚杆的加固作用十分明显。全长黏结式灌浆锚杆已经在实际工程中得到非常广泛的应用，然而其作用机制，尤其是涉及锚杆的荷载传递、侧阻力分布规律等问题还存在许多模糊认识。现有的相关设计规范有《建筑边坡工程技术规范》(GB 50330—2013)、《铁路路基支挡结构设计规范》(TB 10025—2006)等，规范都假设锚杆侧阻力分布模式为均匀分布，而大量的研究结果表明：锚固段侧阻力并不是均匀分布，而是在其前端形成峰值，并逐步向末端减少并最终趋近于零。显然，现有的设计理论尚不能满足工程实践的需要。

1.2.2 完全黏结条件下锚杆的作用机制

全长黏结式灌浆锚杆体系由三部分组成，包括锚杆体、灌浆体和围岩体。存在两个界面，即锚杆与灌浆体界面、灌浆体与围岩体界面。图1-18为全长黏结式灌浆锚杆体系简化模型。

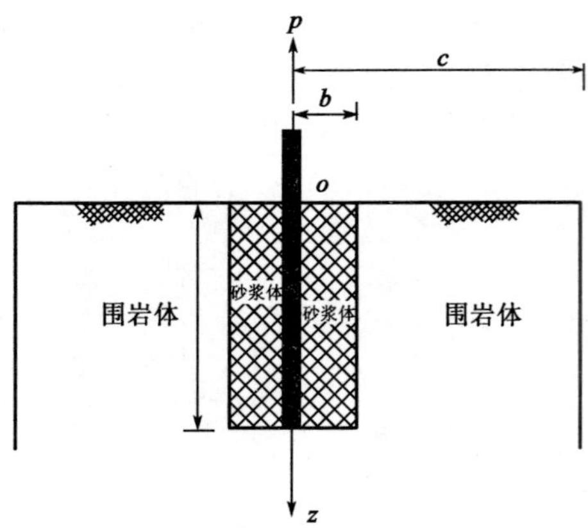

图1-18 全长黏结式灌浆体锚杆简化模型

根据圣维南原理，假设锚杆的抗拔荷载作用只对半径为 c 范围内的围岩产生影响，同时在完全黏结条件下，接触界面上满足力和变形协调关系，界面之间不存在黏滑或脱黏。采用剪切滞模型的基本解,分别对全长黏结式灌浆锚杆体系的三个组成部分及两个界面的力学特性进行分析。

1)锚杆体荷载传递特性

根据轴对称问题的基本方程以及锚杆单元体力的平衡条件,有如下关系成立。

$$\frac{\mathrm{d}\sigma_{\mathrm{f}}(z,a)}{\mathrm{d}z} = -\frac{2}{a}\tau(z,a)_{i} \tag{1-88}$$

式中:$\sigma_{\mathrm{f}}(z,a)$——作用在锚杆任意深度位置处的轴向应力;

a——锚杆半径;

$\tau(z,a)$——作用在锚杆与灌浆体界面上的剪应力。

$$\tau(z,r) = \frac{a}{r}\tau(z,a) \tag{1-89}$$

式中:$\tau(z,r)$——锚杆体系任意位置处(包括灌浆体和围岩体)的剪应力。

2)完全黏结条件下灌浆体荷载传递特性

根据式(1-89),灌浆体内任意位置处的剪应力可以表示为:

$$\tau_{\mathrm{m}}(z,r) = \frac{a}{r}\tau(z,a) = \frac{E_{\mathrm{m}}}{2(1+\nu_{\mathrm{m}})}\cdot\frac{\mathrm{d}w_{\mathrm{m}}(z,r)}{\mathrm{d}r} \quad (a \leqslant r \leqslant b) \tag{1-90}$$

式中:E_{m}——灌浆体的弹性模量;

ν_{m}——灌浆体的泊松比;

b——锚杆钻孔半径;

$w_{\mathrm{m}}(z,r)$——灌浆体内任意位置处的轴向变形量。

对式(1-90)沿 a 到 r 积分,得:

$$w_{\mathrm{m}}(z,r) - w_{\mathrm{m}}(z,a) = \frac{2a(1+\nu_{\mathrm{m}})}{E_{\mathrm{m}}}\tau(z,a)\ln\left(\frac{r}{a}\right) \tag{1-91}$$

式中:$w_{\mathrm{m}}(z,a)$——灌浆体与锚杆界面位置处的轴向变形。

锚杆与灌浆体界面完全黏结条件为:

$$\begin{cases} w_{\mathrm{m}}(z,a) = w_{\mathrm{f}}(z,a) \\ \varepsilon_{\mathrm{m}}(z,a) = \varepsilon_{\mathrm{f}}(z,a) \end{cases} \tag{1-92}$$

式中: $w_{\mathrm{f}}(z,a)$——锚杆轴向变形;

$\varepsilon_{\mathrm{m}}(z,a)$、$\varepsilon_{\mathrm{f}}(z,a)$——灌浆体和锚杆在界面位置处的轴向应变。

特别的,在灌浆体与围岩界面位置处的轴向变形量为:

$$w_{\mathrm{m}}(z,b)=w_{\mathrm{m}}(z,a)+\frac{2a(1+\nu_{\mathrm{m}})}{E_{\mathrm{m}}}\tau(z,a)\ln\left(\frac{b}{a}\right) \tag{1-93}$$

将式(1-91)对 z 求导得:

$$\varepsilon_{\mathrm{m}}(z,r)-\varepsilon_{\mathrm{f}}(z,a)=\frac{2a(1+\nu_{\mathrm{m}})}{E_{\mathrm{m}}}\cdot\frac{\mathrm{d}\tau(z,a)}{\mathrm{d}z}\ln\left(\frac{r}{a}\right) \tag{1-94}$$

根据灌浆体和锚杆各自的本构方程,式(1-94)可化为:

$$\frac{\sigma_{\mathrm{m}}(z,r)}{E_{\mathrm{m}}}-\frac{\sigma_{\mathrm{f}}(z,a)}{E_{\mathrm{f}}}=\frac{2a(1+\nu_{\mathrm{m}})}{E_{\mathrm{m}}}\cdot\frac{\mathrm{d}\tau(z,a)}{\mathrm{d}z}\ln\left(\frac{r}{a}\right) \tag{1-95}$$

式中:$\sigma_{\mathrm{m}}(z,r)$、$\sigma_{\mathrm{f}}(z,a)$——作用在灌浆体任意深度位置处的轴向应力和锚杆轴向应力;

E_{m}、E_{f}——灌浆体和锚杆的弹性模量。

因此,作用在灌浆体任意位置处的轴向力可按下式计算:

$$\sigma_{\mathrm{m}}(z,r)=2a(1+\nu_{\mathrm{m}})\frac{\mathrm{d}\tau(z,a)}{\mathrm{d}z}\ln\left(\frac{r}{a}\right)+\frac{E_{\mathrm{m}}}{E_{\mathrm{f}}}\sigma_{\mathrm{f}}(z,a) \tag{1-96}$$

3)完全黏结条件下围岩体荷载传递特性

根据式(1-89),围岩体内任意径向位置处的剪应力可以表示为:

$$\tau_{\mathrm{r}}(z,r)=\frac{a}{r}\tau(z,a)=\frac{E_{\mathrm{r}}}{2(1+\nu_{\mathrm{r}})}\cdot\frac{\mathrm{d}w_{\mathrm{r}}(z,r)}{\mathrm{d}r}\qquad(b\leqslant r\leqslant c) \tag{1-97}$$

式中:E_{r}——围岩体的弹性模量;

ν_{r}——围岩体的泊松比;

c——影响半径;

$w_{\mathrm{r}}(z,r)$——围岩体内任意位置处的轴向变形量。

对上式沿 b 到 r 积分得:

$$w_{\mathrm{r}}(z,r)-w_{\mathrm{r}}(z,b)=\frac{2a(1+\nu_{\mathrm{r}})}{E_{\mathrm{r}}}\tau(z,a)\ln\left(\frac{r}{b}\right) \tag{1-98}$$

式中:$w_{\mathrm{r}}(z,b)$——灌浆体与围岩体界面位置处的轴向变形。

灌浆体与围岩体界面完全黏结条件为:

$$w_{\mathrm{m}}(z,b)=w_{\mathrm{r}}(z,b) \tag{1-99}$$

将式(1-93)带入式(1-98)得:

$$w_{\mathrm{r}}(z,r)-w_{r}(z,a)=\frac{2a(1+\nu_{\mathrm{r}})}{E_{\mathrm{r}}}\tau(z,a)\ln\left(\frac{r}{b}\right)+\frac{2a(1+\nu_{\mathrm{m}})}{E_{\mathrm{m}}}\tau(z,a)\ln\left(\frac{b}{a}\right) \tag{1-100}$$

对式(1-100)两端 z 微分得：

$$\varepsilon_{\mathrm{r}}(z,r)-\varepsilon_{\mathrm{f}}(z,a)=\frac{2a(1+\nu_{\mathrm{r}})}{E_{\mathrm{r}}}\cdot\frac{\mathrm{d}\tau(z,a)}{\mathrm{d}z}\ln\left(\frac{r}{b}\right)+\frac{2a(1+\nu_{\mathrm{m}})}{E_{\mathrm{m}}}\cdot\frac{\mathrm{d}\tau(z,a)}{\mathrm{d}z}\ln\left(\frac{b}{a}\right) \tag{1-101}$$

$$\frac{\sigma_{\mathrm{r}}(z,r)}{E_{\mathrm{r}}}-\frac{\sigma_{\mathrm{f}}(z,a)}{E_{\mathrm{f}}}=\frac{2a(1+\nu_{\mathrm{r}})}{E_{\mathrm{r}}}\cdot\frac{\mathrm{d}\tau(z,a)}{\mathrm{d}z}\ln\left(\frac{r}{b}\right)+\frac{2a(1+\nu_{\mathrm{m}})}{E_{\mathrm{m}}}\cdot\frac{\mathrm{d}\tau(z,a)}{\mathrm{d}z}\ln\left(\frac{b}{a}\right) \tag{1-102}$$

作用在围岩体任意位置处的轴向力可按下式计算：

$$\sigma_{\mathrm{r}}(z,r)=\frac{E_{\mathrm{r}}}{E_{\mathrm{f}}}\sigma_{\mathrm{f}}(z,a)+\left[2a(1+\nu_{\mathrm{r}})\ln\left(\frac{r}{b}\right)+2a(1+\nu_{\mathrm{m}})\frac{E_{\mathrm{r}}}{E_{\mathrm{m}}}\ln\left(\frac{b}{a}\right)\right]\frac{\mathrm{d}\tau(z,a)}{\mathrm{d}z} \tag{1-103}$$

4)锚杆体系荷载传递分析

根据锚杆体系任意截面上轴向力系平衡条件，得：

$$0=\pi a^{2}\sigma_{\mathrm{f}}(z,a)+\int_{0}^{2\pi}\mathrm{d}\theta\int_{a}^{b}\sigma_{\mathrm{m}}(z,r)r\mathrm{d}r+\int_{0}^{2\pi}\mathrm{d}\theta\int_{b}^{c}\sigma_{\mathrm{r}}(z,r)r\mathrm{d}r \tag{1-104}$$

整理式(1-104)，有：

$$0=\xi\sigma_{\mathrm{f}}(z,a)+\zeta\frac{\mathrm{d}\tau(z,a)}{\mathrm{d}z} \tag{1-105}$$

其中：

$$\xi=a^{2}+(b^{2}-a^{2})\frac{E_{\mathrm{m}}}{E_{\mathrm{f}}}+(c^{2}-b^{2})\frac{E_{\mathrm{r}}}{E_{\mathrm{f}}} \tag{1-106}$$

$$\zeta=(1+\nu_{\mathrm{m}})\left[2ab^{2}\ln\frac{b}{a}-ab^{2}+a^{3}\right]+(1+\nu_{\mathrm{r}})\left[2ac^{2}\ln\frac{c}{b}-a(c^{2}-b^{2})\right]+2a(1+\nu_{\mathrm{m}})\ln\frac{b}{a}(c^{2}-b^{2})\frac{E_{\mathrm{r}}}{E_{\mathrm{m}}} \tag{1-107}$$

对式(1-88)两边微分得:

$$\frac{\mathrm{d}^2\sigma_{\mathrm{f}}(z,a)}{\mathrm{d}z^2} = -\frac{2}{a}\cdot\frac{\mathrm{d}\tau(z,a)}{\mathrm{d}z} \tag{1-108}$$

将式(1-105)带入式(1-108)经整理得:

$$\frac{\mathrm{d}^2\sigma_{\mathrm{f}}(z,a)}{\mathrm{d}z^2} - k^2\sigma_{\mathrm{f}}(z,a) = 0 \tag{1-109}$$

$$k^2 = \frac{2\xi}{\zeta a}, \sigma_{\mathrm{f}}(z,a) = A\sinh(kz) + B\cosh(kz)$$

式中:A、B——待定参数,可根据式(1-110)所示边界条件确定。

$$\begin{cases} \sigma_{\mathrm{f}}(z,a) = \dfrac{p}{\pi a^2} & (z=0) \\ \sigma_{\mathrm{f}}(z,a) = 0 & (z=l) \end{cases} \tag{1-110}$$

式中:l——锚杆长度。

$$\begin{cases} A = -\dfrac{p}{\pi a^2}\coth(kl) \\ B = \dfrac{p}{\pi a^2} \end{cases} \tag{1-111}$$

锚杆界面上的剪应力分布公式为:

$$\tau(z,a) = \frac{p}{2\pi a}k[\sinh(kz) - \coth(kl)\cosh(kz)] \tag{1-112}$$

灌浆体与围岩界面的剪应力分布公式为:

$$\tau(z,b) = \frac{p}{2\pi b}k[\sinh(kz) - \coth(kl)\cosh(kz)] \tag{1-113}$$

从式(1-112)、式(1-113)可以看出,剪应力在锚杆与灌浆体界面的分布规律与灌浆体、围岩界面的分布规律相同。

1.2.3 算例

某岩质边坡,岩体为侏罗系砂岩,较完整;锚杆为 ϕ32 螺纹钢,锚杆钻孔孔径为90mm,锚杆长度为4.0m;浆体材料为水泥砂浆,强度等级为M30,水灰比为0.45;注浆设备为100/2.5 型砂浆泵;影响半径 c 可按 $2.5(1-\nu_{\mathrm{m}})l$ 计算。相关的计算参数见表1-4。

锚杆模型基本计算参数　　表 1-4

参数名称	a (mm)	b (mm)	c (m)	L (m)	E_f (GPa)	ν_f	E_m (GPa)	ν_m	E_r (GPa)	ν_r
数值	16	10	20	4.0	210	0.22	35	0.25	10	0.28

注:表中参数物理意义同前。

图 1-19 为在 110kN 抗拔荷载作用下,理论模型计算得到的锚杆的侧阻力分布曲线。从图中可以看出:侧阻力沿锚杆轴向呈指数方式衰减;锚杆抗拔荷载主要由锚杆前面 2.0m 范围内的锚杆承担,约占总荷载总量的 90%。

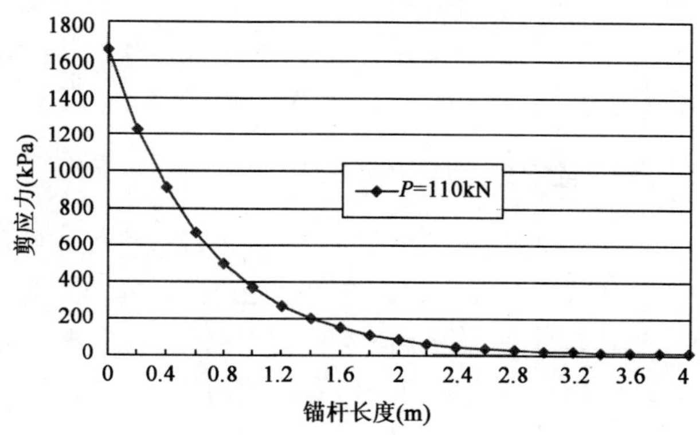

图 1-19　锚杆剪应力分布曲线

图 1-20 为锚杆剪应力随岩层相对刚度的变化曲线,从图中可以看出:岩层相对刚度越大,侧阻力越集中于锚杆前端,剪应力峰值越高,剪应力沿锚杆分布越不均匀;反之,岩层相对刚度越低,锚杆剪应力分布越均匀。

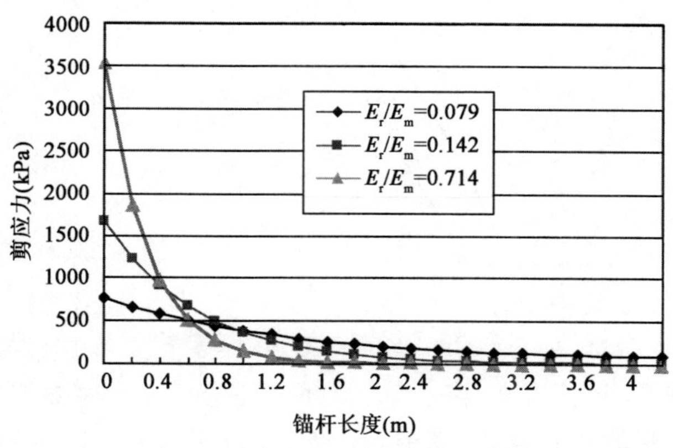

图 1-20　剪应力沿锚杆轴向分布随地层相对刚度的变化曲线

1.3 高切坡超前支护锚杆作用机制

1.3.1 边坡开挖特性

自然边坡开挖后,会在坡体一定深度范围内形成卸荷带。卸荷带是高切坡发生变形破坏的主要位置。坡体开挖面上产生的自由变形在卸荷带为最大,沿着坡体深度快速衰减,并最终在卸荷带内边界处趋于零。通过对弹性岩体开挖进行简单力学分析表明:边坡开挖后,其应力场、位移场均会发生变化,而发生变化的主要区域为开挖卸荷带的影响区。在影响区范围内,边坡体的应力场和变形场会发生显著变化,而超过这个区域后,边坡则不受影响。

1.3.2 超前支护锚杆的受力特点

超前支护是指在人工边坡形成之前,先对其进行危险性评价,当判定结果为不稳定边坡,特别是在施工过程中就可能发生变形破坏的边坡时,在边坡形成之前先进行边坡支护结构设计和施工,待支护工程完成后,再进行边坡开挖,这样一种提前支护的方法,称为超前支护。高切坡超前支护可用的支护结构有抗滑桩、锚杆等。其中超前支护锚杆在高切坡超前支护设计中具有非常明显的优点和地位。超前支护锚杆(图 1-21)是在边坡开挖前预先在边坡开挖面以下布置灌浆锚杆,以保证边坡的稳定。

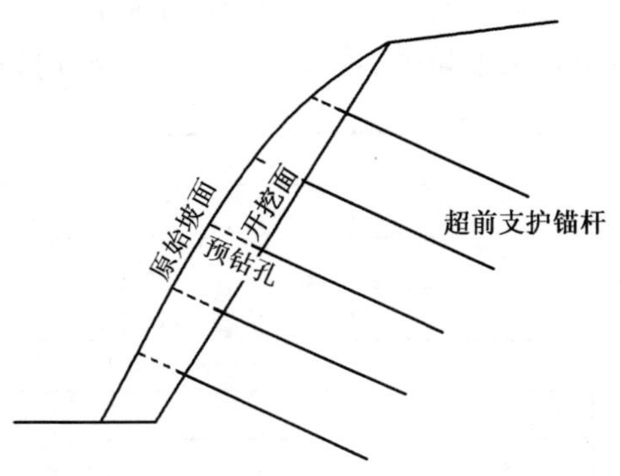

图 1-21 边坡超前支护锚杆示意图

自 20 世纪 70 年代以来,许多学者对埋置在各类岩体中的锚杆进行了原位监测,取得了大量的研究成果,其中尤以 Freeman 在 Kielder 隧道中进行的全长黏结锚杆试验研究工作最为系统。该试验研究了全长黏结式锚杆的受力过程和剪应力沿锚杆的分布规律，并基于原位监测结果，提出了“中性点”“黏结长度”“锚固长度”等重要概念。“中性点”是指锚杆和灌浆体胶结面上的剪应力为零时所对应的点；“黏结长度”是指锚杆从锚头到中性点的锚杆长度；“锚固长度”是指从中性点到锚杆末端的长度。在黏结段，作用在锚杆上的剪应力方向指向锚头；而在锚固段，剪应力的方向指向锚杆端部。

超前支护锚杆的受力特点与隧道全长黏结式锚杆的受力特点类似，同样存在“中性点”“黏结长度”“锚固长度”等概念。边坡开挖后，坡体会产生荷载回弹变形，由于超前支护锚杆的存在，限制了这种变形的进一步发展和传播。图1-22为超前支护锚杆作用时的轴力和剪应力分布图。

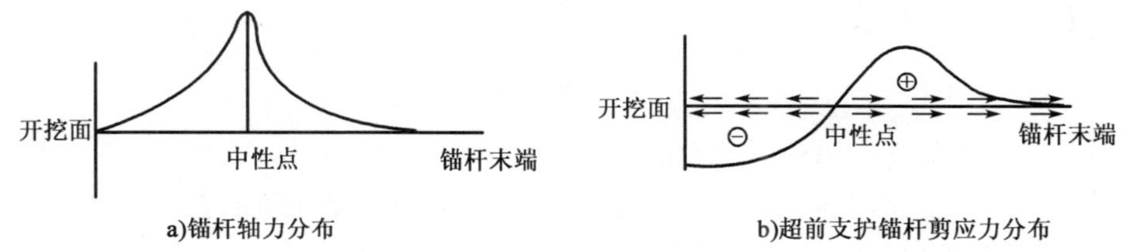

图1-22 超前支护锚杆荷载传递特性

1.3.3 超前支护锚杆荷载传递

自然边坡开挖后，会在开挖面及其影响深度范围内产生自由变形。如果在开挖前预先设置超前支护锚杆，超前锚杆会约束坡面自由变形的发展，根据相互作用原理，锚杆会对坡面施加约束力，坡面会对锚杆产生相应大小的反作用力，见图1-23。

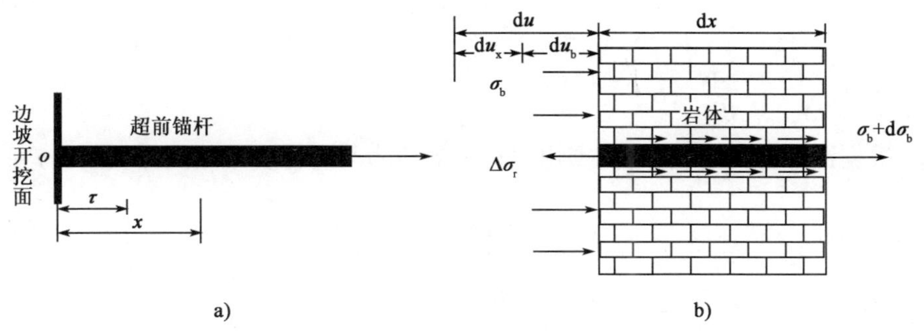

图1-23 锚杆及岩体受力分析

坡面岩土体在边坡开挖后的自由变形量可按下式进行计算：

$$du = du_b + du_r = \frac{\sigma_b}{E_b}dx + \frac{\Delta\sigma_r}{E_r}dx \tag{1-114}$$

式中：du——岩体微段的自由变形量；

du_r——岩体微段在锚杆存在条件下的实际变形量；

du_b——岩体锚杆的伸长量；

σ_b——锚杆轴力；

E_b——锚杆的弹性模量；

$\Delta\sigma_r$——锚杆施加在岩体上的压应力增量；

E_r——岩体弹性模量。

根据力的平衡条件有：

$$\sigma_b A = -\Delta\sigma_r S \tag{1-115}$$

式中：A——超前支护锚杆的截面面积；

S——单根锚杆加固的有效岩体坡面面积，与锚杆的布置有关。

根据复合地基理论，S 可按下式计算：

$$S = \frac{\pi bc}{4} \tag{1-116}$$

式中：b、c——锚杆布置的水平及垂直间距。

将式(1-115)带入式(1-114)得：

$$\sigma_b(x) = -\xi G_r \frac{du}{dx} \tag{1-117}$$

$$\Delta\sigma_r(x) = \xi G_r \frac{A}{S} \cdot \frac{du}{dx} \tag{1-118}$$

其中，$\xi = \dfrac{2(1+\nu_r)SE_b}{AE_b + SE_r}$；$G_r = \dfrac{E_r}{2(1+\nu_r)}$。

根据锚杆力的平衡条件，得出锚杆上剪应力与岩体变形之间的关系表达式：

$$\tau_{b1}(x) = \xi G_r \frac{A}{\pi d_b} \cdot \frac{d^2u}{dx^2} \tag{1-119}$$

式中：$\tau_{b1}(x)$——岩体变形施加在锚杆上的剪应力；

d_b——锚杆直径。

同时，锚杆在 t 位置处的轴向力会在 x 处产生相应的剪应力，可按下式计算：

$$\mathrm{d}\tau_{b2}(x) = \frac{\alpha}{2}\mathrm{d}\sigma_b(t)\mathrm{e}^{-2\alpha\frac{x-t}{d_b}} \tag{1-120}$$

$$\alpha^2 = \frac{2G_r G_g}{E_b\left[G_r \ln\left(\frac{d_g}{d_b}\right) + G_g \ln\left(\frac{d_0}{d_g}\right)\right]}$$

式中：$\mathrm{d}\sigma_b(t)$——锚杆在位置 t 处的轴向应力增量；

G_g、G_r——锚杆和岩体的剪切模量；

d_b、d_g、d_0——锚杆直径、钻孔直径以及锚杆影响范围直径。

$$\tau_{b2}(x) = \int_0^x \mathrm{d}\tau_{b2}(x) = -\frac{\alpha}{2}\xi G_r \int_0^x \frac{\mathrm{d}^2 u}{\mathrm{d}t^2}\mathrm{e}^{-2\alpha\frac{x-t}{d_b}}\mathrm{d}t \tag{1-121}$$

因此，实际作用在锚杆上的剪应力为上述两部分之和，即：

$$\tau_b(x) = \tau_{b1}(x) + \tau_{b2}(x) = \xi G_r\left(\frac{A}{\pi d_b}\cdot\frac{\mathrm{d}^2 u}{\mathrm{d}x^2} - \frac{\alpha}{2}\int_0^x \frac{\mathrm{d}^2 u}{\mathrm{d}t^2}\mathrm{e}^{-2\alpha\frac{x-t}{d_b}}\mathrm{d}t\right) \tag{1-122}$$

上述公式是在锚杆与岩体完全耦合的条件下确定出来的。

当锚杆与岩体接触面上的剪应力超过其胶结强度时，在锚杆前端会发生部分解耦，假设解耦段上的剪应力为均匀分布的残余强度（图 1-24），则解耦段的长度可按式（1-123）计算：

$$s_p = \tau_{b1}(r_p) + \tau_{b2}(r_p) = \xi G_r\frac{\mathrm{d}^2 u}{\mathrm{d}x^2} - \frac{\alpha}{2}\cdot\frac{\pi d_b}{A}s_r r_p \tag{1-123}$$

式中：s_p——锚杆与岩体的胶结强度；

r_p——锚杆解耦段长度；

s_r——解耦段的接触面上的残余强度；

其他符号意义同前。

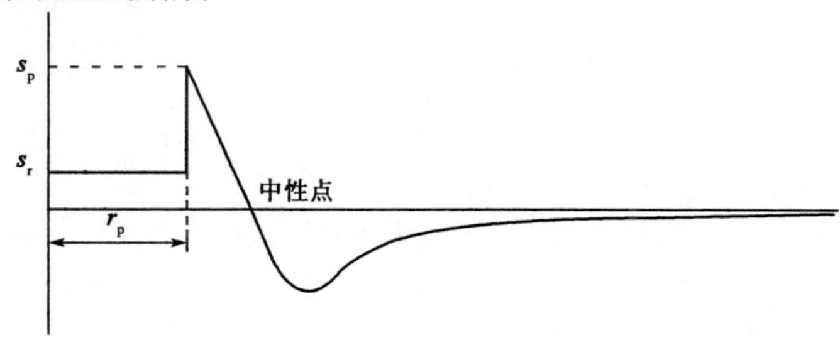

图 1-24 解耦条件下超前支护锚杆剪应力分布示意图

相应地，解耦段（$x \geqslant r_p$）锚杆在任意位置处的剪应力可按下式计算：

$$\tau_b(x) = \tau_{b1}(x) + \tau_{b2}(x)$$

$$= \xi G_r \left[\frac{A}{\pi d_b} \cdot \frac{d^2 u}{dx^2} - \frac{\alpha}{2} \int_{r_p}^{x} \frac{d^2 u}{dt^2} e^{-2\alpha \frac{x-t}{d_b}} dt \right] - \frac{\alpha}{2} \cdot \frac{\pi d_b}{A} s_r r_p e^{-2\alpha \frac{x-r_p}{d_b}} \tag{1-124}$$

由于中性点处剪应力为零，其位置可按下式计算：

$$\xi G_r \left[\frac{A}{\pi d_b} \cdot \frac{d^2 u}{dx^2} - \frac{\alpha}{2} \int_{0}^{x} \frac{d^2 u}{dt^2} e^{-2\alpha \frac{x-t}{d_b}} dt \right] - \frac{\alpha}{2} \frac{\pi d_b}{A} s_r r_p e^{-2\alpha \frac{x-r_p}{d_b}} = 0 \tag{1-125}$$

根据坡面变形量随深度迅速衰减的特点，假设高切坡坡面自由变形量随深度变化的函数形式如下：

$$u(x) = u_0 e^{-ax} \tag{1-126}$$

式中：$u(x)$——坡面任意深度位置处的自由变形量；

u_0——坡面自由变形量；

a——参数。

通过上述方法，可以确定超前支护锚杆的中性点位置、最大轴力值、锚杆轴力分布特性、锚杆剪应力分布特性以及锚杆解耦段长度等。

1.3.4 算例

某岩质高切坡，岩体为砂岩，较完整；锚杆为 $\phi 32$ 螺纹钢，锚杆钻孔孔径为 110mm，锚杆设计长度为 4.0m；浆体材料为纯水泥浆，强度等级为 M30，水灰比为 0.45；注浆设备为 100/2.5 型砂泵；假设锚杆位置处的开挖坡面自由变形随深度变化的函数具有如下形式：$u(x) = -0.006e^{-2x}$。相应计算参数见表 1-5。

岩体、锚杆基本计算参数 表 1-5

参数名称	G_r(GPa)	ν_r	G_g(GPa)	E_b(GPa)	d_b(mm)	d_g(mm)	d_0(mm)	S(m)	s_p(MPa)	s_r(MPa)
数值	2.0	0.25	7.5	210	32	110	2000	2.5	4.0	1.8

注：表中参数物理意义同前。

根据上述理论方法，计算求得在无解耦情况下，超前支护锚杆的剪应力分布曲线如图 1-25 所示。从图中可以看出：超前支护锚杆的中性点在锚杆端部以下 0.27m 位置处；锚头部位的剪应力远大于锚杆的胶结极限强度。因此，锚杆实际作用时会产生部分解耦，中性点向下部移动。

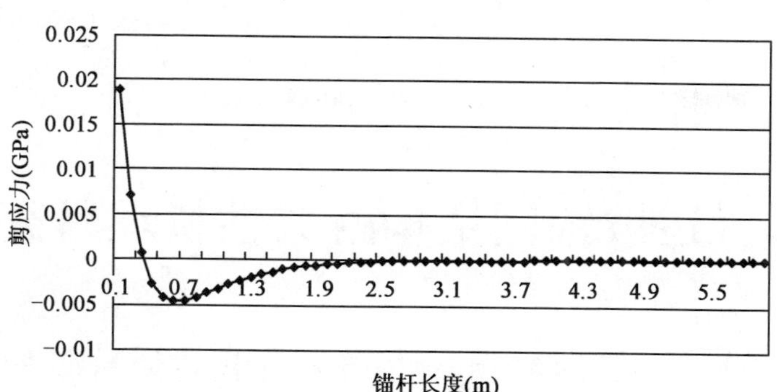

图 1-25 无解耦条件下,超前支护锚杆剪应力分布曲线

图 1-26 为考虑锚杆部分解耦时锚杆的剪应力分布图。从图中可以看出,锚杆解耦长度为 0.69m,中性点在 0.9m 左右。

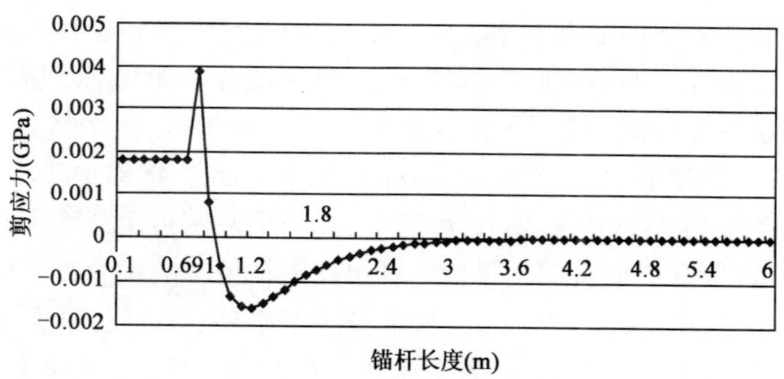

图 1-26 解耦条件下,超前支护锚杆剪应力分布曲线

2　边坡锚固结构耐久性机理研究

2.1　钢绞线锈蚀对预应力锚索荷载传递特性的影响

2.1.1　锈蚀钢绞线损伤特性

1）钢绞线锈蚀试验

常规边坡锚固结构灌浆材料常按 M30 水泥砂浆进行设计配制，本书选用 ASTM-1860 级钢绞线作为试验用钢绞线，并将其埋置于 M30 水泥砂浆内。试验设计钢绞线锈蚀重量损失率从 0% ~20% 均分 5 个等级，每级锈蚀率浇筑 2 个试件，试件采用圆柱形，尺寸为直径 300mm、高 500mm。将养护 28d 后的砂浆试件置于 5% 的 NaCl 溶液中浸泡 1d 后通电，控制电流密度为 2.5mA/cm，根据法拉第定律，可以根据通电时间的长度计算出所需锈蚀率的钢绞线试件。

将各组锈蚀钢绞线用 12% 的盐酸溶液进行酸洗，经清水漂洗后，用石灰水中和，最后再用清水冲洗干净，放入干燥器中存放 5h，用电子天平分别称量未锈蚀钢绞线和锈蚀钢绞线的质量，计算钢绞线锈蚀率。

锈蚀钢绞线的弹性模量可根据锈蚀钢绞线的应力—应变曲线求得，即曲线图中直线段的斜率。图 2-1 为锈蚀钢绞线弹性模量与锈蚀质量损失率的关系曲线。由图可以看出，钢绞线锈蚀后的弹性模量总体呈下降趋势，说明锈蚀钢绞线的刚度发生了退化。通过回归分析，得出锈蚀钢绞线弹性模量 E 与钢绞线锈蚀质量损失率 ρ_w 之间的关系为：

$$\hat{E} = (1 - 3.150\rho_w)E \tag{2-1}$$

式中：$\hat{E}$、E——锈蚀、未锈蚀钢绞线的弹性模量；

ρ_w——钢绞线锈蚀率。

2）钢绞线锈蚀损伤

钢绞线损伤导致其刚度退化，这种特性被定义为钢绞线的锈蚀损伤，可通过锈蚀前后钢绞线的名义弹性模量来表示：

$$D = 1 - \frac{\hat{E}}{E} \tag{2-2}$$

式中：D——钢绞线的锈蚀损伤变量；

E——钢绞线在无损状态下的名义弹性模量；

$\hat{E}$——锈蚀钢绞线的有效弹性模量。

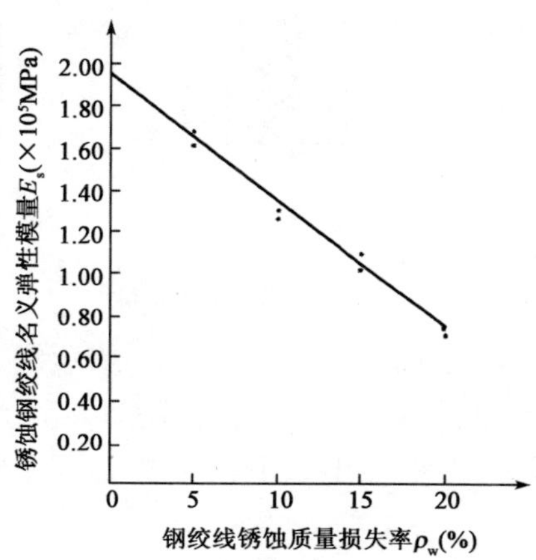

图 2-1 锈蚀钢绞线弹性模量与锈蚀率关系曲线

根据锈蚀钢绞线名义弹性模量与锈蚀率的关系方程，可得出锈蚀损伤变量的损伤演化方程为：

$$D = 3.15\rho_w \tag{2-3}$$

式中符号意义同前。

根据 Lemaitre 应变等效假设，锈蚀钢绞线的一维损伤本构方程为：

$$\sigma = \hat{E}\varepsilon = (1 - 3.15\rho_w)\varepsilon \tag{2-4}$$

式中：σ——施加在锈蚀钢绞线上的拉应力；

ε——相应荷载下锈蚀钢绞线的拉应变。

2.1.2 预应力锚索锚固段荷载传递特性

图 2-2 所示的预应力锚索锚固段简化模型。根据圣维南原理，假设锚索的抗拔荷载作用仅对半径为 c 范围内的围岩产生影响。锚索加固体系由锚束体、灌浆体和围岩体三部分组成，存在锚束体与灌浆体界面、灌浆体与围岩体界面，两个界面见图 2-2。

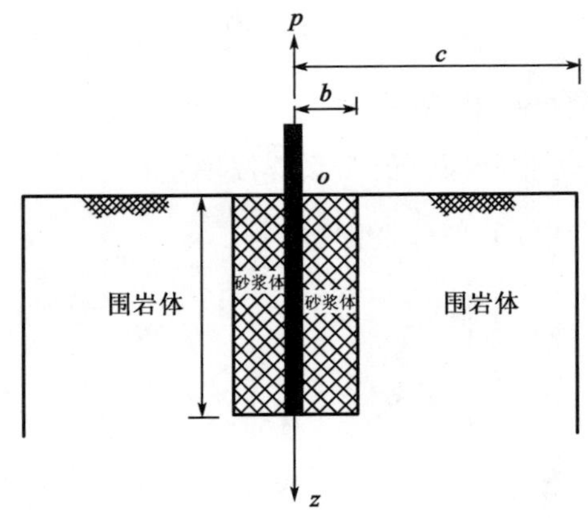

图 2-2　预应力锚索锚固段简化模型

在完全黏结条件下，接触界面之间不存在黏滑或脱黏，界面上满足力和变形协调关系。根据剪切滞模型的基本解，通过对锚索体系的三个组成部分及两个界面特性进行力学分析，可以推导出如下锚束体与灌注砂浆界面剪应力分布公式。

$$\tau(z,a) = \frac{p}{2\pi a}k[\sinh(kz) - \coth(kl)\cosh(kz)] \tag{2-5}$$

其中：

$$\xi = a^2 + (b^2 - a^2)\frac{E_m}{E_f} + (c^2 - b^2)\frac{E_r}{E_f} \tag{2-6}$$

$$k^2 = \frac{2\xi}{\zeta a} \tag{2-7}$$

$$\zeta = (1+\nu_m)\left[2ab^2\ln\frac{b}{a} - ab^2 + a^3\right] + (1+\nu_r)\times\left[2ac^2\ln\frac{c}{b} - a(c^2 - b^2)\right] + 2a(1+\nu_m)\ln\frac{b}{a}(c^2 - b^2)\frac{E_r}{E_m}$$

式中：E_m、E_f、E_r——灌浆体、锚束体以及围岩体的弹性模量；

ν_m、ν_r——灌浆材料、围岩体的泊松比；

a、b——锚束体和钻孔半径；

c——影响半径；

p——施加在锚索上的预应力荷载。

2.1.3 钢绞线锈蚀对锚索荷载传递影响

埋设在地下的钢绞线发生锈蚀后，会影响锚索的荷载传递特性。考虑锈蚀钢绞线的损伤特性及其相应的损伤本构方程，推导出锈蚀钢绞线与砂浆界面侧阻力分布计算公式：

$$\tau(z,a) = \frac{p}{2\pi a}\hat{k}[\sinh(\hat{k}z) - \coth(\hat{k}l)\cosh(\hat{k}z)] \tag{2-8}$$

其中：

$$\hat{k}^2 = \frac{2\hat{\xi}}{\zeta a}$$

$$\hat{\xi} = a^2 + (b^2 - a^2)\frac{E_m}{E_f(1 - 3.15\rho_w)} + (c^2 - b^2)\frac{E_r}{E_f(1 - 3.15\rho_w)}$$

$$\zeta = (1 + \nu_m)\left[2ab^2\ln\frac{b}{a} - ab^2 + a^3\right] + (1 + \nu_r) \times \left[2ac^2\ln\frac{c}{b} - a(c^2 - b^2)\right] +$$

$$2a(1 + \nu_m)\ln\frac{b}{a}(c^2 - b^2)\frac{E_r}{E_m}$$

式中符号意义同前。

2.1.4 算例

某岩质边坡，岩体为侏罗系砂岩，较完整；预应力锚索为7束钢绞线，锚索钻孔孔径为150mm，锚固段长度为7.0m；浆体材料为水泥砂浆，强度等级为M30，水灰比为0.45；注浆设备为100/2.5型砂浆泵；影响半径 c 可按 $2.5(1-\nu_m)l$ 计算。相关的计算参数见表2-1。

预应力锚索基本计算参数 表2-1

参数	a (mm)	b (mm)	c (m)	L (m)	E_f (GPa)	ν_f	E_m (GPa)	ν_m	E_r (GPa)	ν_r
取值	50	75	13.0	7.0	195	0.22	35	0.25	10	0.28

注：表中参数物理意义同前。

图2-3为预应力锚索在500kN预应力荷载作用下，不同锈蚀损伤的钢绞线对锚固段钢绞线与砂浆界面之间侧阻力的影响。从图中可以看出：随着钢绞线锈蚀率的增加，钢绞线刚度退化，钢绞线与灌注砂浆相对刚度减少，钢绞线与灌

注砂浆界面之间的侧阻力分布越集中于锚固段前端，剪应力峰值也越高，剪应力沿界面分布越不均匀。

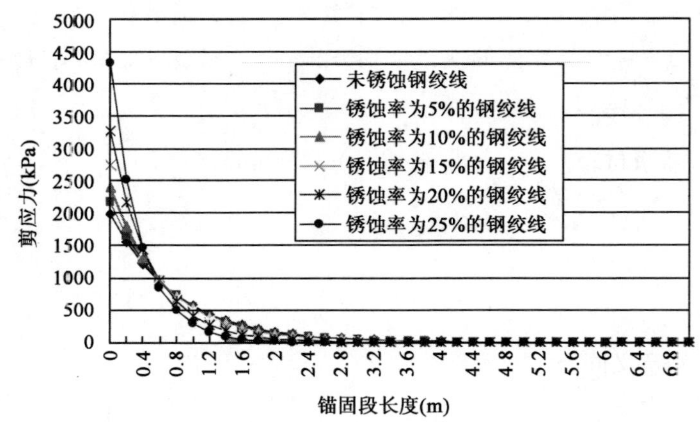

图 2-3 钢绞线锈蚀对其荷载传递特性的影响

2.2 纤维灌浆材料在预应力锚索中的作用机理

2.2.1 剪切滞模型在预应力研究中的应用

剪切滞模型的基本原理可用于预应力锚索理论的研究，根据剪切滞模型的基本原理，可求出锚固段浆体材料的荷载变位关系以及周围岩体与浆体材料之间接触面上的剪应力计算公式：

$$w_1 = -\frac{\bar{\sigma}}{E_f\alpha}[-\tanh(\alpha l)\cosh(\alpha z) + \sinh(\alpha z)] \quad (2\text{-}9)$$

$$w_2 = \frac{r_f^2 E_f \alpha^2 \ln(r_m/r_i)}{2G_m} w_1 \quad (2\text{-}10)$$

其中，
$$\alpha = \frac{2G_i/[E_f r_f^2 \ln(r_i/r_f)]}{1 + [G_i \ln(r_m/r_i)]/[G_m \ln(r_i/r_f)]}$$

式中：w_1、w_2——浆体内外层界面的轴向位移；

l——内锚固段的长度；

E_f——钢绞线的弹性模量；

$\bar{\sigma}$——作用在钢绞线上的平均拉应力。

$$\tau_i = \frac{\bar{\sigma}}{\sqrt{2}}\left(\frac{G_m}{E_f}\right)^{1/2}\frac{r_f}{r_i}\cdot\frac{-\tanh(\alpha l)\cosh(\alpha z)+\sinh(\alpha z)}{[(G_m/G_i)\ln(r_i/r_f)+\ln(r_m r_i)]^{1/2}} \tag{2-11}$$

式中：τ_i——周围岩体与浆体材料之间接触面上的剪应力；

l——钢绞线的钻孔半径；

r_f、r_i——钢绞线的弹性模量；

G_i、G_m——灌浆材料及岩体的剪切模量。

而钢绞线与浆体材料之间接触面上的剪应力为：

$$\bar{\tau}_i = \frac{\bar{\sigma}}{\sqrt{2}}\left(\frac{G_m}{E_f}\right)^{1/2}\frac{-\tanh(\alpha l)\cosh(\alpha z)+\sinh(\alpha z)}{[(G_m/G_i)\ln(r_i/r_f)+\ln(r_m/r_i)]^{1/2}} \tag{2-12}$$

式中符号意义同前。

最大剪应力发生在 $z=0$ 处，即：

$$\tau_{max} = -\frac{\bar{\sigma}}{\sqrt{2}}\left(\frac{G_m}{E_f}\right)^{1/2}\frac{\tanh(\alpha l)}{[(G_m/G_i)\ln(r_i/r_f)+\ln(r_m/r_i)]^{1/2}} \tag{2-13}$$

式(2-11)是浆体材料与岩体间侧阻力分布的计算公式；式(2-12)是钢绞线与浆体材料间结合应力分布的计算公式。由两式可以看出，两者有相同的变化规律，力的分布形状完全取决于参数 α 的变化，而 α 的变化与钢绞线、浆体材料、岩体三者间的相对刚度有关。当岩体、浆体材料的刚度越大时，α 的取值越大，锚固段端部应力集中越显著；相反，当岩体刚度越小时，α 的取值越小，侧阻力分布越均匀。

图 2-4 为在外荷载作用下预应力锚索侧阻力沿锚固段变化的分布曲线，图中可以看出锚固段侧阻力分布随 α 的变化规律。这一变化规律与相关文献报道的试验结果相同，进一步证明了剪切滞模型用于预应力锚索研究的可行性。从分布曲线可以看出，当岩体较坚硬时，侧阻力分布主要集中在锚固段外端 2m 范围内。因此，在预应力锚索设计中，盲目增加锚固段长度是无益的，三峡工程现场测试结果也证明了这一点。

2.2.2 纤维复合材料复合模量计算的上下限定理

纤维复合材料是一种多相材料，其复合模量的大小与各组分模量的大小有关，同时受各相材料的分布形式、体积含率等的影响。目前复合材料的模量主要通过 Hashin-Shtrikman 上下限定理和 Voight-Reuss 上下限定理来进行近似计算。

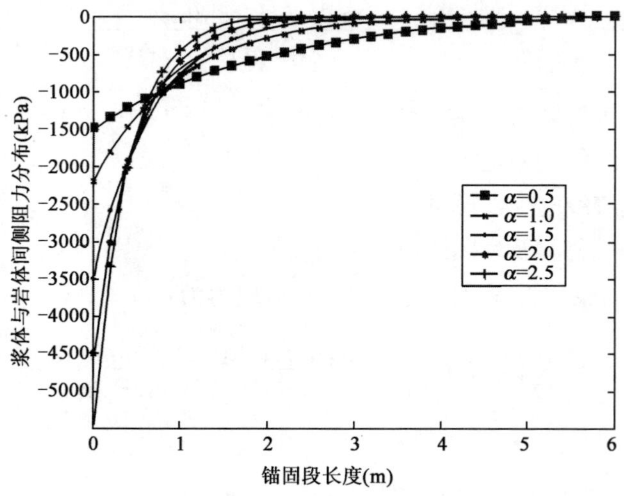

图 2-4　锚固段侧阻力分布曲线随 α 变化情况

1) Voight-Reuss 上下限定理

设复合材料由 N 相组分材料组成，各相材料的体积模量、剪切模量和体积含率分别为 k_r、G_r 及 C_r。

(1)当假设复合材料中各相材料的应力相同，都等于外加应力时，各组分材料为串联结构[图 2-5a)]，此时可得到复合材料有效模量的下限解。

下限值：

$$
\begin{cases}
k_{下} = \left(\sum\limits_{i=1}^{N} \dfrac{C_r}{k_r} \right)^{-1} \\
G_{下} = \left(\sum\limits_{i=1}^{N} \dfrac{C_r}{G_r} \right)^{-1}
\end{cases}
\tag{2-14}
$$

式中：k_r、G_r、C_r——第 r 相材料的体积模量、剪切模量和体积含率；

N——相的数目。

(2)当假设复合材料中各相材料的应变相同，都等于外加应变时，各组分材料为并联结构[图 2-5b)]，此时可推出复合材料有效模量的上限解。

上限值：

$$
\begin{cases}
k_{上} = \sum\limits_{r=1}^{N} C_r k_r \\
G_{上} = \sum\limits_{r=1}^{N} C_r G_r
\end{cases}
\tag{2-15}
$$

式中符号意义同前。

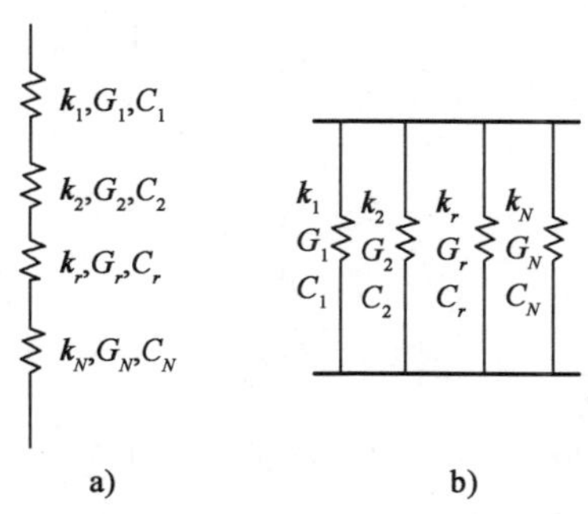

图 2-5 复合材料结构简化模型

2)Hashin-Shtrikman 上下限定理

Hashin-Shtrikman 采用变分原理研究材料应变能的极值条件,其基本思想为:①选择一个几何形状和边界条件都相同的参考介质,该介质是各向同性的均匀介质;②将非均匀体的位移场、应力场和弹性模量分解成相应参考介质的基本量和扰动量;③通过边界条件和内部约束条件给出非均匀体的应变能的极值条件。

设复合材料中各向同性组分材料的弹性常数张量 L_0、L_r 可以由相应的体积弹性模量和剪切弹性模量 k_0、G_0 与 k_r、G_r 来表示。若取 k_0 等于各相材料中 k_r 的最大值,即 k_{max},G_0 等于各相材料中 G_r 的最大值 G_{max},可得到复合材料的等效体积弹性模量 k 和等效剪切模量 G 的上限值:

$$k_{上} = \left[\sum_{r=1}^{N} C_r (k_0^* + k_r)^{-1}\right]^{-1} - k_0^* \tag{2-16}$$

$$G_{上} = \left[\sum_{r=1}^{N} C_r (G_0^* + G_r)^{-1}\right]^{-1} - G_0^* \tag{2-17}$$

其中:

$$k_0^* = \frac{4}{3} G_{max}$$

$$G_0^* = \frac{3}{2}\left(\frac{1}{G_{max}} + \frac{10}{9k_{max} + 8G_{max}}\right)$$

式中:C_r——各组分所占的体积含率。

同样,若取 k_0 与 G_0 分别等于复合材料各相中最小的 k_r 和 G_r 值,可以得到 k 和 G 的下限值:

$$k_{下} = \left[\sum_{r=1}^{N} C_r (k_0^* + k_r)^{-1}\right]^{-1} - k_0^* \tag{2-18}$$

$$G_{下} = \left[\sum_{r=1}^{N} C_r (G_0^* + G_r)^{-1} \right]^{-1} - G_0^* \tag{2-19}$$

其中：

$$k_0^* = \frac{4}{3} G_{\min}$$

$$G_0^* = \frac{3}{2} \left(\frac{1}{G_{\min}} + \frac{10}{9k_{\min} + 8G_{\min}} \right)$$

与此同时，Hill 也根据弹性极值定理证明了上述解为有效体积模量和剪切模量的上下限解。Hashin-Shtrikman 上下限解是目前较为理想的上下限公式。本节采用 Hashin-Shtrikman 上下限解来计算纤维砂浆的复合剪切模量。

根据 Hashin-Shtrikman 上下限定理，纤维砂浆的实际剪切模量应介于上下限之间，因此，可以采用上下限解的算术平均值或几何平均值作为纤维砂浆的实际剪切模量。

$$G = \frac{G_{下} + G_{上}}{2} \tag{2-20}$$

$$G = \sqrt{G_{下} G_{上}} \tag{2-21}$$

根据建议采用几何平均值作为纤维砂浆的近似剪切模量。图 2-6 给出了当材料一定时，纤维砂浆剪切模量随纤维体积含率的变化曲线。

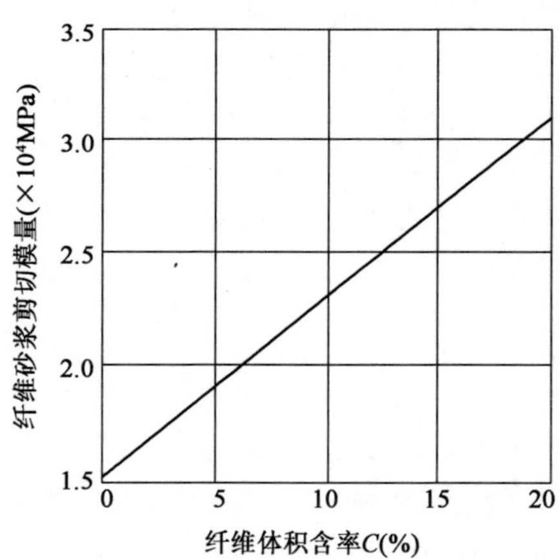

图 2-6　纤维砂浆剪切模量随纤维体积含率变化曲线

2.2.3　纤维砂浆对锚索工作特性的影响

纤维砂浆具有很多优良特性，将其应用于预应力锚索之中，对传统预应力锚索的诸多性质产生了影响，具体表现在浆体材料的抗剪强度增加、锚固段上的剪应力分布和荷载变位特性改变等。

1）对锚固段抗剪强度的影响

A. Kilic, E. Yasar, A. G. Celi 研究了灌浆材料特性对锚固段抗剪强度的影响，大量试验结果表明：锚固段的抗剪强度随浆体材料的无侧限抗压强度和抗剪强度呈对数关系变化。

锚固段抗剪强度与浆体抗剪强度之间的关系可拟合为：

$$\tau_b = 3.2843\ln\tau_g - 0.0523 \qquad (R^2 = 0.9621) \tag{2-22}$$

式中：τ_b——锚固段抗剪强度；

τ_g——浆体抗剪强度；

R——相关系数。

锚固段抗剪强度与浆体材料无侧限抗压强度之间的关系可拟合为：

$$\tau_b = 2.4992\ln q_g - 1.4579 \qquad (R^2 = 0.8576) \tag{2-23}$$

式中：q_g——浆体材料无侧限抗压强度。

此外，锚固段抗剪强度和浆体材料的弹性模量之间也存在类似的关系，相应的关系式为：

$$\tau_b = 2.3137\ln E_g - 2.9394 \qquad (R^2 = 0.7882) \tag{2-24}$$

式中：E_g——浆体材料的弹性模量。

根据纤维砂浆弹性模量的定义，其表达式为：

$$E_g = \sqrt{E_{上} E_{下}} \tag{2-25}$$

进一步可建立锚固段抗剪强度随纤维体积含率的变化关系，其关系曲线见图 2-7。从图中可以看出，锚索锚固段的抗剪强度随纤维体积含率的增加呈近似线性增长。

2）对锚固段侧阻力分布规律的影响

锚固段的侧阻力分布规律与钢绞线、浆体材料、岩体三者间的相对刚度有关。当岩体、浆体材料的刚度较大时，α 的取值越大，在锚固段端部应力集中越显著；相反，当岩体刚度越小时，α 取值越小，侧阻力分布越均匀。纤维砂浆可大大提高灌浆材料的剪切模量指标，因此必然对锚固段的侧阻力分布产生影响。锚固段中浆体与周围岩体间的侧阻力分布可直接根据式（2-26）进行计算，式中相应的模量为纤维复合材料的剪切模量。

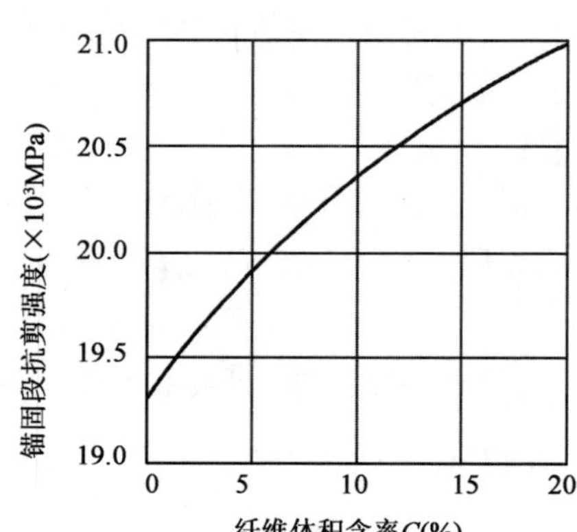

图 2-7　锚固段抗剪强度随纤维体积含率变化曲线

$$\tau_i = \frac{\bar{\sigma}}{\sqrt{2}}\left(\frac{G_m}{E_f}\right)^{1/2}\frac{r_f}{r_i}\cdot\frac{-\tanh(\alpha l)\cosh(\alpha z)+\sinh(\alpha z)}{\left[(G_m/\sqrt{G_{上}G_{下}})\ln(r_i/r_f)+\ln(r_m/r_i)\right]^{1/2}} \tag{1-26}$$

$$\alpha = \frac{2\sqrt{G_{上}G_{下}}/\left[E_f r_f^2\ln(r_i/r_f)\right]}{1+\left[\sqrt{G_{上}G_{下}}\ln(r_m/r_i)\right]/\left[G_m\ln(r_i/r_f)\right]}$$

图 2-8 所示为锚固段侧阻力分布随纤维体积含率的变化曲线。从图中可以看出，随纤维体积含率的增加，α 的取值越大，锚固段端部应力集中越显著。同时发现，增加 10% 纤维的效果明显，从 10% 增加到 20% 时，效果不显著。总体来说，采用纤维砂浆灌浆材料的预应力锚索，侧阻力的分布范围较短，内锚固段前部应力集中，因此内锚固段长度可相对减小。

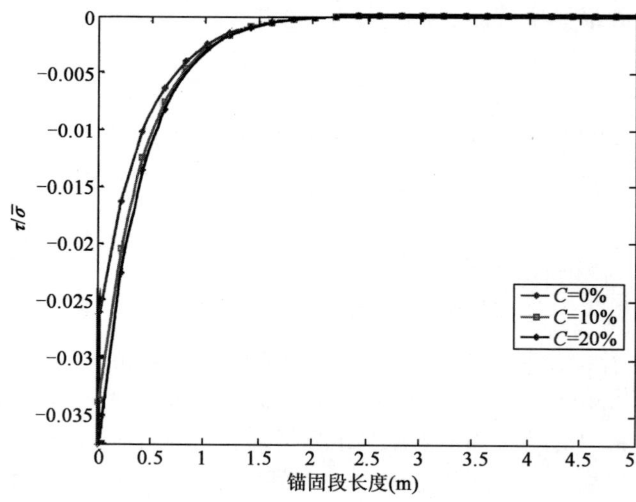

图 2-8　锚固段侧阻力分布随纤维体积含率 C 的变化曲线

3)对锚固段荷载变位特性的影响

锚固段荷载变位关系与钢绞线、浆体材料、岩体三者间的相对刚度有关,其形状受参数 α 控制,对于给定的锚索系统,在同等条件下,锚索锚固段荷载位移关系随纤维体积含率变化而变化,可根据式(2-15)进行计算。

$$w_1 = -\frac{\bar{\sigma}}{E_f\alpha}[-\tanh(\alpha l)\cosh(\alpha z) + \sinh(\alpha z)]$$

$$\alpha = \frac{2\sqrt{G_{上}G_{下}}/[E_f r_f^2 \ln(r_i/r_f)]}{1 + [\sqrt{G_{上}G_{下}}\ln(r_m/r_i)]/[G_m \ln(r_i/r_f)]} \tag{2-27}$$

图 2-9 所示为锚固段荷载变位曲线随纤维体积含率的变化曲线。从图中可以看出,随着纤维体积含率的升高,锚固段变形的变化不大,说明纤维砂浆对预应力锚索的变形影响较小。

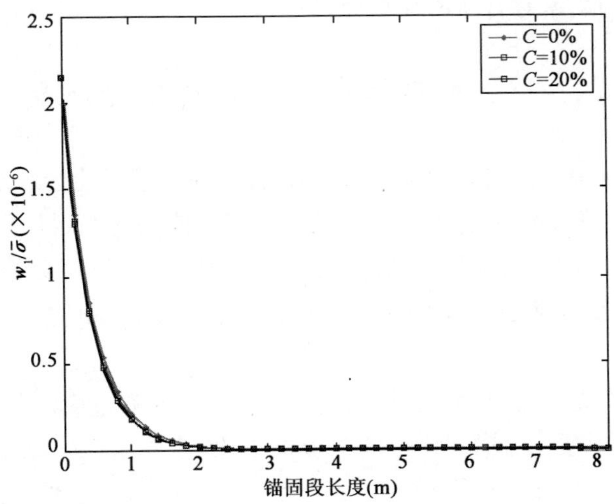

图 2-9 锚固段荷载变位曲线随纤维体积含率的变化曲线

4)纤维对灌浆材料抗拉强度的影响

在张拉荷载作用下,水泥砂浆开裂时对应的峰值应变很小,一般情况下,其开裂强度仅为其抗压强度的 1/10,且断裂韧性很低,开裂后容易形成失稳破坏。纤维灌浆材料可以提高水泥砂浆的断裂强度和断裂韧性。

本节采用 Naaman 建议的模型来计算纤维砂浆的开裂强度:

$$\sigma_{cu} = \sigma_{mu}(1 - c_f) + \lambda\tau C_f \frac{l_f}{d_f} \tag{2-28}$$

式中：σ_{cu}——纤维砂浆的开裂极限强度；

σ_{mu}——水泥砂浆的开裂极限强度；

C_f——纤维的体积含率；

λ——纤维增强系数，一般与纤维—基体界面的黏结强度、分布方式有关；

τ——平均剪应力，由抗拔试验确定；

l_f——纤维长度；

d_f——纤维直径。

5）纤维对灌浆材料徐变的影响

大量的试验结果表明：纤维的加入能大幅度减少浆体材料在长期荷载作用下的徐变收缩量，进而大大减少预应力锚索长期荷载作用下由于浆体材料徐变收缩造成的预应力损失，其减少幅度一般为20%～40%，并随纤维含率的增加而增大。但目前尚未有合适的计算公式。

2.3 全长黏结式灌浆锚杆锈胀机制

边坡锚固结构在长期服役条件下，锚固段水泥砂浆可能会产生开裂，或者由于施工过程中砂浆灌注不密实，存在孔洞的情况，使钢筋的保护层厚度不足，极易与地下水和大气接触，导致钢筋锈蚀，使钢筋发生锈胀，不仅影响钢筋自身的力学性能，还会影响钢筋与水泥砂浆的黏结性能，大幅度降低边坡锚固结构的耐久性。

国内外有关锚杆腐蚀导致锚固结构失效的现象时有发生。英国泰晤士河畔的一个码头，采用预应力锚杆背拉的钢板桩工程，在使用21年后发生预应力钢筋断裂，并导致钢板桩向外倾斜3m的严重事故，经分析，主要是由锚杆的钢筋锈蚀引起的。Feld和White曾报道过一个未加防护的临时锚杆迅速腐蚀的例子：一堵由单排锚筋锚杆支撑的墙壁工作两年左右，其中几个锚杆断裂并飞落，调查发现，是多年煤渣硫酸使得地下水具有腐蚀性的结果。我国安徽梅山水库的预应力锚杆在使用8年后，发现3个内部钢绞线腐蚀而断裂。西南地区一处边坡工程的预应力锚杆在使用10年后也发现部分锚杆的锚头处预应力钢筋出现锈蚀。

埋设在砂浆内的钢筋发生锈蚀后，产生的铁锈体积是钢筋体积的2～4倍，铁锈会向四周膨胀，而钢筋周围的水泥砂浆以及砂浆外的围岩体会限制这种膨胀，从而在钢筋与砂浆之间、砂浆与围岩之间产生锈胀力，导致水泥砂浆或围岩体开裂。砂浆或围岩体开裂后，使得水泥砂浆或钢筋直接与地下环境（水或大气）相接触，加剧钢筋的锈蚀或砂浆的腐蚀，严重影响锚固结构的耐久性和使用寿命。

2.3.1　灌浆锚杆体系的锈胀变形协调关系

边坡锚杆在各种因素作用下发生相变（生锈），导致体积膨胀，而钢筋受到灌注砂浆的约束，在钢筋与砂浆之间产生膨胀力；砂浆受到锈蚀钢筋产生的膨胀力，会在与围岩体的接触面上产生径向变形，此径向变形受到围岩体的约束，进而在砂浆与围岩体之间也产生膨胀力。钢筋、砂浆、围岩体三者之间的相互作用关系是建立计算模型的理论基础，本节首先分析并建立三者之间的变形协调关系。

锚杆钢筋锈蚀引起的钢筋、砂浆和围岩体三者之间变形关系可用图 2-10 所示的模型来表达。假设钢筋半径为 d_1、钻孔半径为 d_2，钢筋锈胀产生的无约束自由变形量为 ε、受灌浆材料的约束，实际变形量为 δ_1；砂浆体在膨胀力作用下的径向变形量设为 δ_2，根据钢筋、砂浆两者之间的变形协调关系，如下关系式成立：

$$\delta_1 + \delta_2 = \delta \tag{2-29}$$

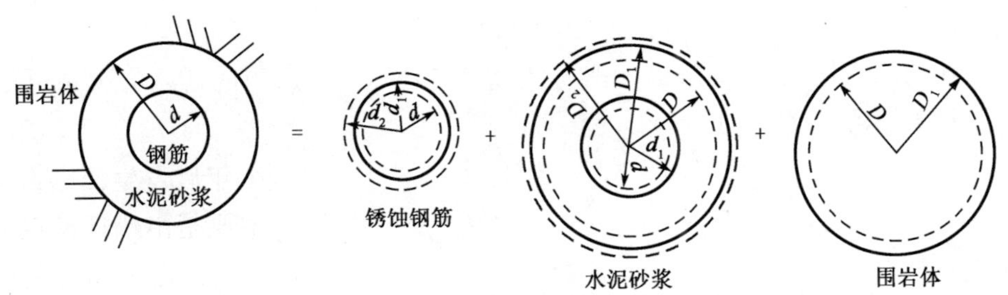

图 2-10　灌浆锚杆体系钢筋锈蚀变形关系

同理，假设砂浆在锈胀力作用力下，其外侧（与围岩体接触面上）产生的自由变形量为 δ_5，而实际上，砂浆会受到围岩体的约束，围岩体在锈胀力作用下产生的径向位移为 δ_4，砂浆在内外锈胀力作用下在与围岩体接触面上产生的径向位移为 δ_3，则根据变形协调关系，有如下关系成立：

$$\delta_3 + \delta_4 = \delta_5 \tag{2-30}$$

2.3.2 灌浆锚杆体系的锈胀力

1)弹性力学厚壁圆筒的基本解

根据弹性力学轴对称问题的基本解(图2-11)得到其应力解为:

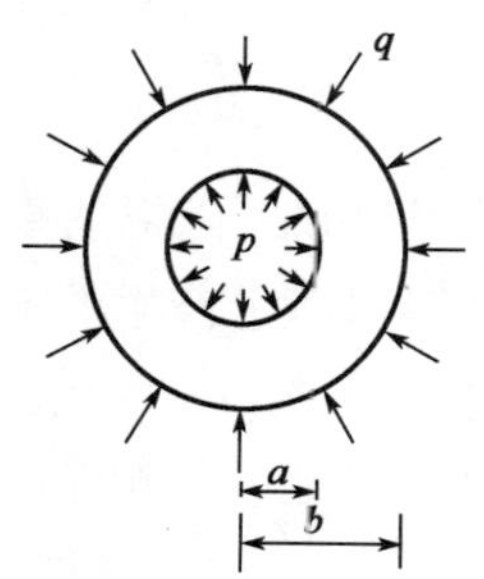

图2-11 轴对称问题基本解

$$\begin{cases} \sigma_r = \dfrac{A}{r^2} + 2B \\ \sigma_\theta = -\dfrac{A}{r^2} + 2B \\ \tau_{r\theta} = \tau_{\theta r} = 0 \end{cases} \tag{2-31}$$

位移解:

$$\begin{cases} u_r = \dfrac{1}{E}\left[2(1-\nu)Br - (1+\nu)\dfrac{A}{r}\right] \\ u_\theta = 0 \end{cases} \tag{2-32}$$

其中:

$$A = \frac{a^2b^2(q-p)}{b^2-a^2}; \quad B = \frac{pa^2-qb^2}{2(b^2-a^2)}$$

式中:σ_r、σ_θ、$\tau_{r\theta}$——径向应力、环向应力、剪应力;

ν——材料的泊松比;

u_r、u_θ——径向位移和环向位移。

2)灌浆锚杆在锈胀力作用下的计算模型

在锈胀力作用下,灌浆锚杆钢筋、砂浆、围岩体三者之间的锈胀力关系可用图2-12所示的模型来进行分析。

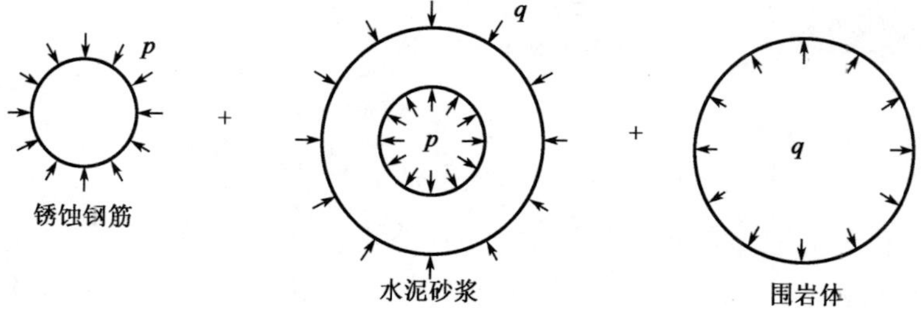

图2-12 灌浆锚杆体系钢筋锈胀力

(1)锈胀力作用下锈蚀钢筋的变形计算

假设钢筋锈蚀后的净直径为d_ρ,名义直径为d_m,则:

$$\begin{cases} d_{\rho} = \sqrt{1-\rho}\,d \\ d_{m} = \sqrt{(n-1)\rho+1}\,d \end{cases} \tag{2-33}$$

式中：n——钢筋锈蚀后体积膨胀率，通常为 2～4；

ρ——钢筋锈蚀率，按照钢筋截面质量损失计算；

d——钢筋半径。

根据锈蚀钢筋的受力条件，可求出锈蚀钢筋在锈胀力作用下与砂浆接触面上的径向位移：

$$\delta_2 = \frac{P(1-\nu_g)R_m}{E_g} \cdot \frac{R_{\rho}^2 - R_m^2}{(1-\nu_g)R_{\rho}^2 + (1+\nu_g)R_m^2} = k_2 p \tag{2-34}$$

$$k_2 = \frac{(1-\nu_g)R_m}{E_g} \cdot \frac{R_{\rho}^2 - R_m^2}{(1-\nu_g)R_{\rho}^2 + (1+\nu_g)R_m^2}$$

式中：E_g、ν_g——铁锈的弹性模量和泊松比。

(2)锈胀力作用下砂浆的变形计算

①砂浆在内外锈胀力共同作用下的变形计算。

根据弹性力学轴对称问题的基本解，并利用边界条件，可求解灌注砂浆在锈胀力作用下内外边界上的径向位移。

砂浆受力边界条件为：

$$\begin{cases} r = R_1 \text{ 时}, \sigma_r = p \\ r = R_2 \text{ 时}, \sigma_r = -q \end{cases} \tag{2-35}$$

砂浆内外接触面上的径向位移为：

$$\begin{cases} \delta_1 = \dfrac{1}{E_m}\left[2(1-\nu_m)BR_1 - (1+\nu_m)\dfrac{A}{R_1}\right] \\ \delta_3 = \dfrac{1}{E_m}\left[2(1-\nu_m)BR_2 - (1+\nu_m)\dfrac{A}{R_2}\right] \end{cases} \tag{2-36}$$

其中：

$$A = \frac{R_1^2 R_2^2 (q-p)}{R_2^2 - R_1^2}; \quad B = \frac{pR_1^2 - qR_2^2}{2(R_2^2 - R_1^2)}$$

式(2-36)进一步简化，得：

$$\begin{cases}\delta_1 = \dfrac{(1-\nu_m)R_1^3+(1+\nu_m)R_1R_2^2}{E_m(R_2^2-R_1^2)}p-\dfrac{2R_1R_2^2}{E_m(R_2^2-R_1^2)}q = k_{11}p-k_{12}q \\ \delta_3 = \dfrac{2R_1^2R_2}{E_m(R_2^2-R_1^2)}p-\dfrac{(1-\nu_m)R_2^3+(1+\nu_m)R_1^2R_2}{E_m(R_2^2-R_1^2)}q = k_{31}p-k_{32}q\end{cases} \tag{2-37}$$

式中：δ_1、δ_3——砂浆内外接触面上的径向位移；

R_1、R_2——砂浆的内外半径；

E_m、ν_m——砂浆的弹性模量和泊松比；

k_{11}、k_{12}——内接触面上系数；

k_{31}、k_{32}——外接触面上系数。

②砂浆在内侧锈胀力作用下的变形计算。

当砂浆仅受到与钢筋接触面上的锈胀力作用，而其外侧（与围岩体接触面）自由变形时，利用轴对称问题的基本解和相应的边界条件可计算其与围岩体接触面上的径向位移。

砂浆受力边界条件为：

$$\begin{cases}r = R_1 \text{ 时}, \sigma_r = p \\ r = R_2 \text{ 时}, \sigma_r = 0\end{cases} \tag{2-38}$$

砂浆内外接触面上的径向位移为：

$$\delta_5 = \frac{1}{E_m}\left[2(1-\nu_m)DR_2-(1+\nu_m)\frac{C}{R_2}\right] = \frac{2R_1^2R_2}{E_m(R_2^2-R_1^2)}p = k_5p \tag{2-39}$$

$$C = -\frac{R_1^2R_2^2}{R_2^2-R_1^2}p;\quad D = \frac{pR_1^2}{2(R_2^2-R_1^2)};\quad k_5 = \frac{2R_1^2R_2}{E_m(R_2^2-R_1^2)}$$

式中：δ_5——砂浆在内侧接触面上受到锈胀力作用，外侧自由变形条件下外侧接触面上的径向位移；

其他符号意义同前。

(3)锈胀力作用下围岩体的变形计算

在锈胀力 q 作用下，围岩体与砂浆接触面上径向位移同样可以利用轴对称问题的基本解和相应的边界条件确定。

边界条件：

$$\begin{cases}r = R_2 \text{ 时}, \sigma_r = q \\ r \to \infty \text{ 时}, \sigma_r = 0\end{cases} \tag{2-40}$$

接触面上的径向位移为：

$$\delta_4 = \frac{(1+\nu_r)}{E_r}R_2p = k_4p \tag{2-41}$$

其中：

$$k_4 = \frac{(1+\nu_r)}{E_r}R_2$$

式中：E_r、ν_r——围岩体的弹性模量和泊松比。

(4)灌浆锚杆的锈胀力计算

通过上述分析，确定了锈蚀钢筋、砂浆以及围岩体在锈胀力作用下的变形计算公式，根据三者之间变形协调关系式(2-29)和式(2-30)，即可计算出给定钢筋锈蚀率条件下，在钢筋与砂浆之间、砂浆与围岩体之间产生的锈胀力 p 和 q。

$$\begin{cases} \dfrac{p(1-\nu_g^2)R_m}{E_g}\cdot\dfrac{R_\rho^2-R_m^2}{(1-\nu_g)R_\rho^2+(1+\nu_g)R_m^2}+\dfrac{1}{E_m}\begin{bmatrix}2(1-\nu_m)BR_1\\ -(1+\nu_m)\dfrac{A}{R_1}\end{bmatrix}=\delta \\ \dfrac{(1+\nu_r)}{E_r}R_2p+\dfrac{1}{E_m}\left[2(1-\nu_m)BR_2-(1+\nu_m)\dfrac{A}{R_2}\right] \\ \qquad =\dfrac{1}{E_m}\left[2(1-\nu_m)DR_2-(1+\nu_m)\dfrac{C}{R_2}\right] \end{cases} \tag{2-42}$$

在方程组(2-42)中，仅存在 2 个未知数 p 和 q，因此可以直接求解，经计算得：

$$\begin{cases} p = \dfrac{\delta k_{32}}{(k_{11}+k_2)k_{32}-(k_{31}+k_4-k_5)k_{12}} \\ q = \dfrac{\delta(k_{31}+k_4-k_5)}{(k_{11}+k_2)k_{32}-(k_{31}+k_4-k_5)k_{12}} \end{cases} \tag{2-43}$$

式中符号意义同前。

2.3.3 灌浆材料开裂特性及影响因素

当钢筋锈蚀率达到一定程度后，钢筋、砂浆、围岩体之间产生的锈胀力可能导致砂浆或围岩体开裂，使得砂浆或钢筋的保护层遭到破坏，影响锚杆体系的耐久性。本节主要讨论锈胀力导致砂浆或围岩体开裂的问题。

1)锈胀力导致砂浆开裂的条件

根据轴对称问题的应力解,砂浆在内外锈胀力作用下,其环向应力可按下式计算:

$$\sigma_\theta = \frac{(pR_1^2 - qR_2^2)r^2 - R_1^2R_2^2(q - p)}{(R_2^2 - R_1^2)r^2} \tag{2-44}$$

最大环向应力出现在内边界上:

$$(\sigma_\theta)_{\max} = \frac{(pR_1^2 - qR_2^2) - R_2^2(q - p)}{R_2^2 - R_1^2} \tag{2-45}$$

当砂浆内边界上的环向应力达到砂浆的抗拉强度时,会导致砂浆开裂。因此,砂浆锈胀致裂的条件为:

$$(\sigma_\theta)_{\max} \geqslant f_{sk} \tag{2-46}$$

式中:f_{sk}——砂浆的抗拉强度。

2)锈胀力导致围岩体开裂的条件

与砂浆锈胀致裂分析类似,围岩体在锈胀力作用下,根据轴对称问题的应力解,其环向应力公式为:

$$\sigma_\theta = \frac{R_2^2}{r^2}q \tag{2-47}$$

其最大环向应力出现在内边界上:

$$(\sigma_\theta)_{\max} = q \tag{2-48}$$

当砂浆内边界上的环向应力达到围岩体的抗拉强度时,会导致围岩开裂。因此,围岩体锈胀致裂的条件为:

$$(\sigma_\theta)_{\max} \geqslant f_{rk} \tag{2-49}$$

式中:f_{rk}——围岩体的抗拉强度。

2.4 长期荷载下预应力锚固结构的耐久性

在长期服役条件下,边坡锚固结构锚固段水泥砂浆可能会产生开裂,或者由于施工过程中砂浆灌注不密实,存在孔洞的情况,使钢筋的保护层厚度不足,极易与地下水和大气接触,导致钢筋锈蚀,使钢筋发生锈胀,不仅影响钢筋自身的力学性能,还会影响钢筋与水泥砂浆的黏结性能,大幅度降低边坡锚固结构的耐久性。此外,预应力锚索在经过一段时间的运行之后,由于钢绞线松弛、土层蠕变、砂浆产生徐变等,导致施加的预应力荷载损失,预应力损失过大时锚索的锚固作用降低,从而影响边坡的稳定。

影响预应力锚索结构耐久性的因素很多,归纳起来主要有以下几种:①灌注砂浆的开裂与腐蚀;②钢绞线应力腐蚀和锈蚀;③锚索的预应力损失等。本节就这几方面的问题逐一进行分析。

2.4.1 灌注砂浆的锈蚀

在实际工程中,预应力锚索多采用胶结式内锚固段。由于常规水泥砂浆具有抗拉强度低、抗断裂性能差的特点,可能导致预应力锚索在常规预应力工作荷载作用下,其内锚固段部分浆体材料发生开裂破坏。此外,施工过程中由于灌注不密实,存在孔洞等缺陷,当服役条件为酸性环境、碱性环境或其他不利条件,容易导致砂浆锈蚀。

2.4.2 钢绞线的锈蚀及应力锈蚀

1)钢绞线的锈蚀

钢绞线的锈蚀是影响预应力锚索耐久性的主要因素。一般情况下,新鲜的水泥砂浆呈碱性,在碱性环境下,可以在钢绞线表面发生钝化作用,生成一层钝化膜,能够有效阻止钢绞线锈蚀。而当灌注砂浆发生锈蚀破损之后,CO_2、水汽和氯离子等有害物质通过裂缝、空隙渗透到钢绞线表面,导致砂浆 pH 值降低,破坏钢绞线的钝化膜,加之其他不利因素综合作用,钢绞线会发生锈蚀。

砂浆中钢绞线的锈蚀多为电化学锈蚀。根据预应力锚索结构的服役条件,钢绞线的锈蚀一般主要有两种环境:表面润湿环境和长期浸泡环境。钢绞线的锈蚀阶段一般分为:锈蚀孕育阶段→锈蚀发展阶段→锈蚀破坏阶段→锈蚀危害阶段。影响钢绞线锈蚀的因素主要有:砂浆的 pH 值;砂浆的强度等级和钻孔直径;水泥品种和掺合剂、地下环境条件等。

2)钢绞线的应力腐蚀

金属在特定的介质中会发生应力腐蚀。低碳钢一般在 NaOH、CO-CO_2-H_2O、硝酸及碳酸盐环境下会发生应力腐蚀;而高强钢则会在水介质、含痕量水的有机溶剂或 HCN 溶液中发生应力腐蚀。

①在应力(尤其是拉应力)作用下,钢绞线会产生应力腐蚀裂纹,这种应力可以是外加应力,也可以是加工热处理引入的残余应力。

②应力腐蚀是一种与时间有关的滞后破坏,对于无裂纹的钢(筋)绞线,当拉应力远低于断裂应力时会引起应力腐蚀裂纹的产生和扩展。

③应力腐蚀是一种低应力脆性断裂。由于导致应力腐蚀开裂的最低应力远

低于过载断裂应力，且断裂前无过大的塑性变形，因此往往容易造成无征兆的突然破坏。

④应力腐蚀裂纹的扩展速率一般为 $10^{-6} \sim 10^{-3}$mm/min，比均匀腐蚀速度快 10^{6} 倍，且和裂纹前端的应力强度因子无关。

表征应力腐蚀的特性的物理力学指标主要有：

(1)门槛应力 σ_{SCC}

门槛应力是指施加在钢(筋)绞线上的外加应力小于某一临界应力值 σ_{SCC} 时，在规定的时间内并不发生应力腐蚀断裂的临界应力。门槛应力是能产生滞后断裂的最小应力或不产生滞后断裂的上限应力，是衡量应力腐蚀开裂敏感性的定量指标之一。

(2)门槛应力强度因子 K_{SCC}

门槛应力强度因子是指能够产生应力腐蚀的最小 K_{I}，可采用恒载试样或恒位移试样来测定。

(3)裂纹扩展速率 da/dt

应力腐蚀裂纹扩展速率 da/dt 是衡量应力腐蚀开裂敏感性的重要参数之一，可以通过预制裂纹的恒载荷或恒位移试样来测量。

2.4.3 锈蚀对钢绞线与砂浆连接强度的影响

钢绞线锈蚀会在其与砂浆接触面上产生锈胀力，进而影响钢绞线与灌注砂浆之间的黏结强度。当锈胀力达到一定数值时，将导致灌注砂浆开裂，并加速钢绞线的锈蚀速度。大量试验结果表明：在钢绞线锈蚀初期，由于锈胀力的作用，钢绞线与灌注砂浆之间的黏结强度随钢绞线的锈蚀量的增加而大幅度提高，而一旦灌注砂浆出现锈胀裂缝后，两者之间的连接强度开始降低。

根据试验拟合关系，可以得到锈蚀光面钢筋和锈蚀变形钢筋与混凝土的黏结强度影响系数表达式。

1)光面钢筋的黏结强度影响系数

$$\eta_{光} = \begin{cases} 1 + 22\delta & (\delta \leqslant \delta^{*}) \\ 1 - 15\delta + 37\delta^{*} & (\delta \geqslant \delta^{*}) \end{cases} \tag{2-50}$$

式中：$\eta_{光}$——光面钢筋黏结强度影响系数；

δ——钢筋锈层厚度(m)；

δ^{*}——混凝土保护层厚度胀裂时刻的钢筋锈层厚度(m)。

δ^{*} 可以根据几何关系由下式确定：

$$\delta^{*} = \frac{D_0(\sqrt{n\rho^{*} + 1 - \rho^{*}} - 1)}{2} \tag{2-51}$$

式中：D_0——钢筋原始直径(mm)；

ρ^{*}——混凝土保护层厚度开裂时的钢筋锈蚀率；

n——钢筋锈蚀时的体积膨胀率，通常在2～4之间取值。

2)锈蚀变形钢筋的黏结强度影响系数

$$\eta_{变} = \begin{cases} 1.0 + 7.0\delta & (\delta \leqslant 0.05) \\ 1.46 - 2.3\delta & (\delta \geqslant 0.05) \end{cases} \tag{2-52}$$

式中：$\eta_{变}$——变形钢筋黏结强度影响系数。

2.4.4 预应力锚索的锈胀致裂分析

与边坡锚杆类似，钢绞线、砂浆、围岩体三者之间的相互作用关系是建立计算模型的理论基础，本节首先分析并建立三者之间的变形协调关系。

预应力锚索钢绞线锈蚀引起的钢筋、砂浆和围岩体三者之间变形关系可用图2-13所示的模型来表达。假设钢绞线半径为r、钻孔半径为R。钢筋锈胀产生的无约束自由变形量为δ，对应于图中半径r_2，受外围灌浆材料的约束实际变形量为δ_1，对应于图中半径r_1；同样，灌浆材料在钢绞线锈胀力作用下，无约束自由变形量为δ_5，对应于图中半径R_2，受围岩体的约束砂浆体实际变形量为δ_3，对应于图中半径R_1；钢绞线与砂浆接触面上的锈胀力设为p，在砂浆与围岩体间的锈胀力设为q；砂浆在膨胀力作用下的径向变形量设为δ_2，根据钢绞线、砂浆两者之间的变形协调关系，有如下关系式成立：

$$\delta_1 + \delta_2 = \delta \tag{2-53}$$

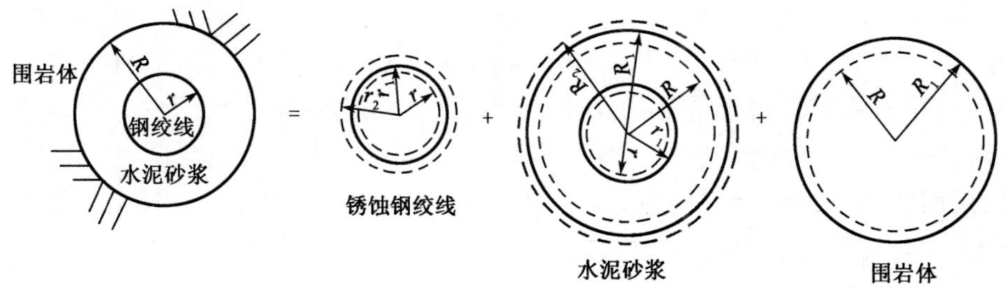

图2-13 预应力锚索结构锈蚀变形关系

同样，假设灌浆材料在锈胀力作用下，其外侧(与围岩体接触面上)产生的自由变形量为δ_5，而实际上，砂浆会受到围岩体的约束，围岩体在锈胀力作用下产生的径向位移为δ_4，砂浆在内外锈胀力作用下在与围岩体接触面上产生的径向位移为δ_3，则根据变形协调关系，有如下关系成立：

$$\delta_3 + \delta_4 = \delta_5 \tag{2-54}$$

当钢绞线锈蚀率达到一定程度后，在钢筋、砂浆、围岩体之间产生的锈胀力可能导致砂浆或围岩体开裂，使得砂浆或钢筋的保护层遭到破坏，影响预应力锚索结构体系的耐久性。

计算结果表明：钢绞线锈胀力随着钢筋锈蚀率的增加而增加；钢绞线锈胀力随钢筋保护层厚度（钻孔直径）的增加而减少；钢绞线与砂浆之间的锈胀力随砂浆强度的增加而降低，砂浆与围岩体之间的锈胀力随砂浆强度的增加而增加；钢绞线锈胀力随围岩体强度的增加而增加。

2.4.5 预应力锚索结构的预应力损失机理

预应力锚索的预应力损失一般包括两部分，一是短期荷载作用下的预应力损失，如：锚索张力锁定后，在较短时间内由于锚索体系的回弹变形、锚墩下基础变形等原因造成的预应力损失量；二是工作阶段产生的预应力损失，如：长期荷载作用下，由于灌浆材料的徐变、锚固段周围岩体蠕变以及钢绞线应力松弛等原因造成的预应力损失。

1）短期荷载作用下的预应力损失

短时间内锚索锁定回弹造成的预应力损失包括以下几个方面：

（1）锚具、夹片回弹变形造成的预应力损失。

（2）张力系统包括千斤顶、油泵摩擦阻力造成的预应力损失。

（3）锚索错墩下土体的沉降变形引起的预应力损失。

短期荷载作用下的预应力损失可以通过超张拉和补偿张拉进行弥补。根据国内多项预应力锚索工程的长期观测资料显示：锚索张拉锁定后3～10d的预应力损失量占总预应力损失量的30%～50%。因此，在张拉锁定3～10d后进行补偿张拉是消除短期预应力损失的有效办法。当因工期所限无法进行补偿张拉时，采用超张拉3%～6%的设计锁定吨位能达到同样的效果。同时，大量试验结果表明，采用反复张拉和超张拉不仅能减少钢绞线的应力松弛，而且能有效消除由于钢绞线与孔壁之间摩擦产生的预应力损失。

2）长期荷载作用下的预应力损失

长期荷载作用下锚索的预应力损失关系到锚索工程的耐久性和安全性，它与锚固材料性质、被锚固介质的力学特性、施工工艺以及运行期间的管理水平等有关。由于引起预应力损失的因素复杂，计算具体的损失量非常困难，现有的设计中，只能通过充分分析各种可能因素，从安全角度给予考虑。长期荷载作用下锚索的预应力损失主要由以下三部分组成：

（1）钢绞线的松弛：任何钢材都具有应力松弛特性，长期荷载作用下，钢绞线的松弛量与受荷大小及环境温度有关，一般随荷载的增加而增大，随环境温度的升高而增大。金属材料的蠕变主要是材料内部晶格间位错的累积，进而在晶界和晶格间产生微裂纹和微孔洞，导致变形随时间增长而增大。

（2）岩体的蠕变：岩体中存在大量的节理、裂隙，在外加预应力荷载作用下，节理、裂隙被压缩，这一过程不是短时间能完成的，需要持续一段时间。一般说来，岩体质量越好，节理裂隙越少，岩体的变形越小，蠕变也越小，持续的时间也短。相反，对于多裂隙的岩体，其预应力损失就相当大，可达4% ~8%。

（3）灌浆材料的徐变：徐变是灌浆材料的重要特征，在恒定荷载作用下，变形会随时间不断增长。影响灌浆材料徐变特性的因素主要有：施加荷载的历时、加荷龄期、环境温度、湿度等。一般荷载历时增加，徐变增大；加载龄期越小，徐变越大；环境温度越高，徐变越大；环境湿度越高，徐变越大。灌浆材料的徐变也是造成锚索预应力损失的重要因素之一。

以国道318线二郎山至康定段公路改建工程的K2794 +860 ~ K2795 +010滑坡工点处三级平台上预应力锚索框架锚索内力监测结果为例进行分析。本次试验布置了3个测点，共进行了5次监测，监测时间分别为2004年12月26日、2005年1月8日、2005年2月2日、2005年2月25日以及2005年4月2日，历时近4个月，各监测点锚索内力随时间变化见图2-14 ~图2-16。

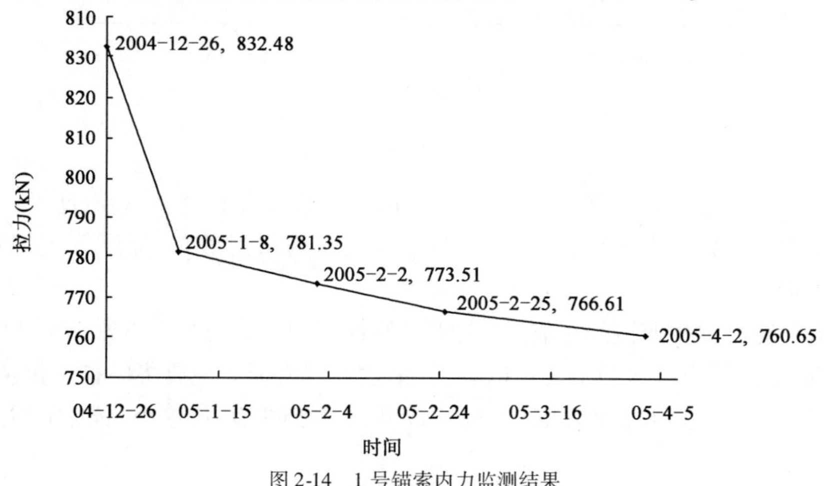

图2-14 1号锚索内力监测结果

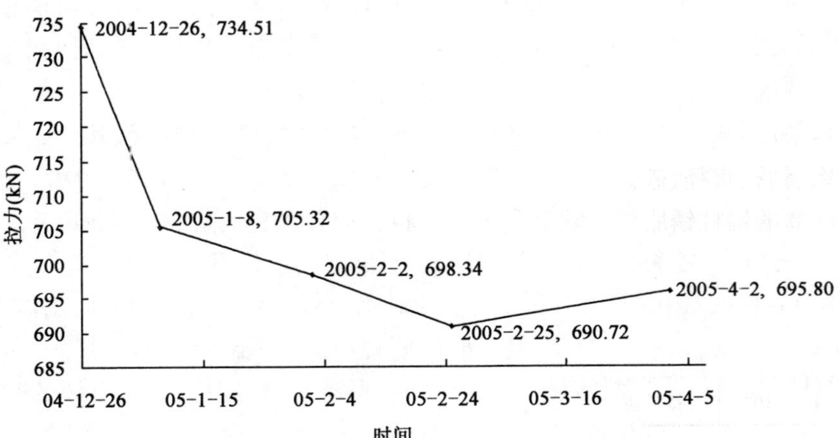

图 2-15　2 号锚索内力监测结果

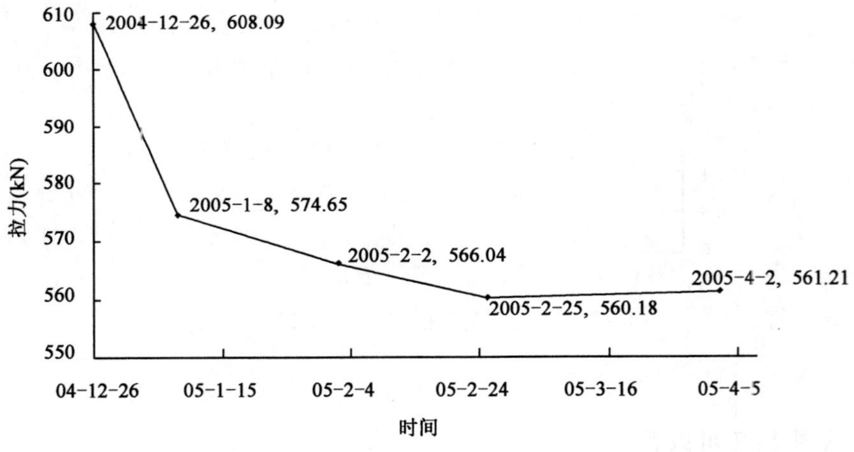

图 2-16　3 号锚索内力监测结果

上述三根预应力锚索的长度均为 25m，其中锚固段长度为 10m，埋设在元古界闪长岩内。索体由 7 束钢绞线组成，浆体材料为水泥砂浆，强度等级 M30，水灰比 0.45。

从预应力锚索监测结果看，三根锚索的预应力损失分别为 8%、6%、8%，总体来说，损失较小。从图中还可以看出，锚索预应力损失主要集中在张拉锁定后的前 20d 左右，随着时间的增长，锚索的预应力损失越来越小，锚索内力趋于稳定。

2.5 算例及讨论

本节以一灌浆锚杆为例，分析影响灌浆锚杆锈胀力的各种因素，包括：钢筋锈蚀率、钻孔直径、砂浆强度以及围岩强度。灌浆锚杆计算参数见表2-2。采用本书建立的锚杆锈胀模型对上述各种因素进行分析(图2-17～图2-20)。

计算参数　　表2-2

d (mm)	R_1 (mm)	R_2 (mm)	n	E_g (Gpa)	ν_s	E_m (Gpa)	ν_m	E_r (Gpa)	ν_r	ρ
32	16	45	3	215.0	0.24	25.0	0.3	20.0	0.28	2%

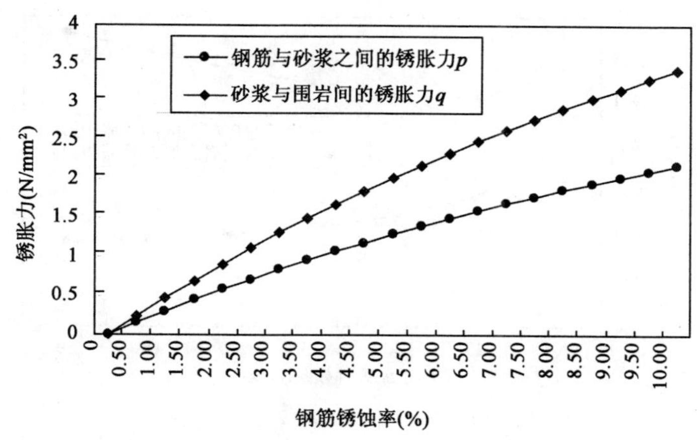

图2-17　锈胀力与钢筋锈蚀率之间的关系

从图2-17可以看出：随着钢筋锈蚀率的增加，钢筋与砂浆之间以及砂浆与围岩体之间的锈胀力几乎呈线性增加。因此，钢筋锈蚀越严重，锈胀力也越大，最终将可能导致砂浆或围岩开裂，进而加剧锚杆的锈蚀，降低锚杆的耐久性。

从图2-18可以看出：锚杆锈胀力随钢筋保护层厚度(钻孔直径)的增加而减少。因此，可以通过增大锚杆的钻孔之间距来减少锈胀力的作用。

从图2-19可以看出：钢筋与砂浆之间的锈胀力随砂浆强度的增加而降低，而砂浆与围岩体之间的锈胀力随砂浆强度的增加而增加。

从图2-20可以看出：锚杆与砂浆之间的锈胀力和砂浆与围岩之间的锈胀力均随围岩体强度的增加而增加，且具有相似的增长规律。

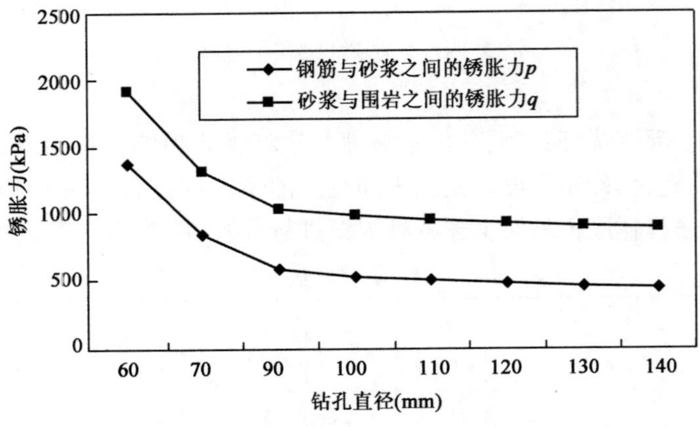

图 2-18 钻孔直径对锈胀力的影响

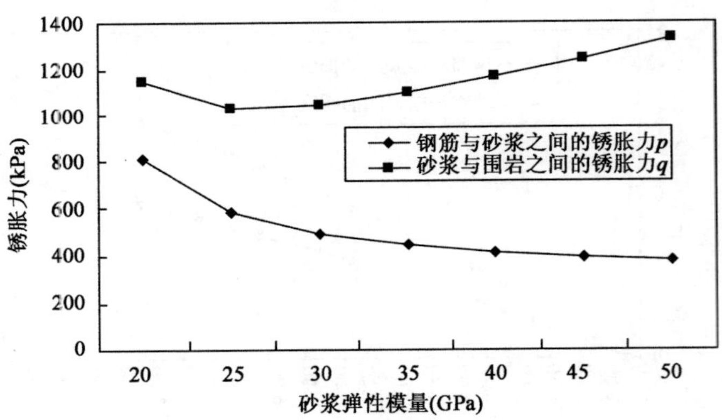

图 2-19 灌浆材料强度对锈胀力的影响

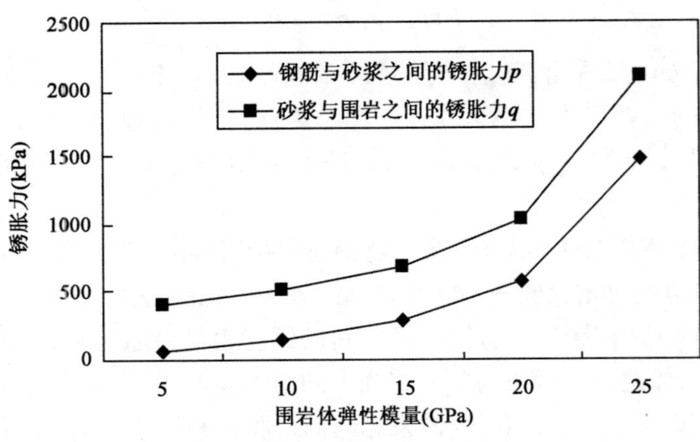

图 2-20 围岩体强度对锈胀力的影响

通过算例分析可以得出以下结论：

(1)锚杆锈胀力随着钢筋锈蚀率的增加而增加,随钢筋保护层厚度(钻孔直径)的增加而减少。

(2)钢筋与砂浆之间的锈胀力随砂浆强度的增加而降低,砂浆与围岩体之间的锈胀力随砂浆强度的增加而增加。

(3)钢筋与砂浆之间的锈胀力以及砂浆与围岩体之间的锈胀力均随围岩体强度的增加而增加。

第二篇

设 计 篇

预应力锚固技术在我国发展迅速，预应力锚索用于边坡加固已有很多成功的案例。国内学者通过研究，提出了许多与预应力锚索相关的设计计算方法，而对预应力锚索加固边坡的稳定性分析方面的研究较少。目前最常用的边坡稳定性分析方法仍然是以条分法为主要计算手段的极限平衡理论，而对于预应力锚索加固边坡，通常在无支护边坡极限平衡分析中增加预应力锚索的作用力，从而得到锚索作用下边坡达到极限平衡状态时的稳定性。我国现有规范、标准对有关锚固结构设计的理论和计算方法介绍也略为粗浅，以经验、统计公式占主导地位。因此，目前就边坡锚固结构的设计理论来说，还远远满足不了工程实践的需要，这可能给边坡锚固工程带来风险。

本篇对预应力锚索破坏特性及其抗拔特性进行了研究，采用极限分析上限法对预应力锚索加固边坡的稳定性进行分析，推导出锚固力的计算方法，同时分析了不同预应力锚索结构加固边坡的设计方法。

3　预应力锚索破坏特性及其极限抗拔力

3.1　预应力锚索体系的三种极限承载力

对于胶结式预应力锚索,内锚固段是预应力锚索的主要受力和传力部位,分析其作用机理具有重要的理论和实际应用价值。内锚固段依赖锚束体和灌浆材料以及灌浆材料和周围岩体之间的相互作用传递外荷载,具体传力路径为:锚束体—灌浆材料—周围岩体。预应力锚索体系的极限抗拔承载力取决于内锚固段锚束体与灌浆材料之间、灌浆材料与岩体之间的剪切强度以及灌浆材料、锚束体的抗拉强度。A. Kilic 和 E. Yasar 指出,内锚固段相对于加固范围内应力叠加区或塑性区的长度直接关系到加固效果,也关系到内锚固段的轴向应力和剪应力的分布形式,而内锚固段的极限承载力是灌浆材料与周围岩体之间以及与锚束体材料之间黏结力的函数。

3.1.1　灌浆材料与锚束体之间的极限抗拔承载力

锚束体与灌浆材料之间存在的剪切强度一般由以下三部分组成:

(1)黏结力:当锚束体受到外拔荷载作用时,锚束体与灌浆材料界面间产生的物理黏结力为最基本的抗力,当锚束体与灌浆材料之间产生相对滑移时物理黏结力消失。

(2)机械嵌固力:锚束体钢材表面不平整,使得锚束体与灌浆材料之间产生机械式咬合,即机械嵌固力。

(3)表面摩擦力:枣核形内锚固段受力时,灌浆材料部分被锚束体夹紧,当锚束体与灌浆材料之间产生相对位移时,接触面上即产生表面摩擦力。

一般说来,随着外荷载的增加,锚束体与灌浆材料之间剪应力的最大值会逐步向内端移动,极限抗拔承载力以渐进的方式改变其在内锚固段内的分布模式,可按下式计算:

$$P = \frac{\pi d_s l_d c_1}{k_b} \tag{3-1}$$

式中:k_b——安全系数,一般取 1.5;

c_1——灌浆材料与杆体之间的黏结力;

d_s——锚杆(索)杆体直径;

l_d——锚固段长度。

3.1.2 灌浆材料与周围岩体之间的极限抗拔力

灌浆材料与周围岩体之间极限抗拔承载力一般由以下三部分组成:

(1)黏结力:灌浆材料与周围岩体界面之间的黏结力。

(2)嵌固力:由于钻孔孔壁表面起伏不平,使得灌浆材料与孔壁间产生嵌固力。

(3)摩擦力:当灌浆材料与周围岩体之间产生相对位移时,在接触面产生的摩擦力。

灌浆材料与周围岩体之间的极限抗拔承载力可按下式计算:

$$P = \frac{\pi d_s l_d c_2}{k_b} \tag{3-2}$$

式中:c_2——灌浆材料与周围岩体之间的黏结力。

3.1.3 灌浆材料本身的极限抗剪承载力

当灌浆材料强度较低时,锚索锚固段的剪切破坏可能出现在灌浆材料内部,此时极限抗拔承载力可按下式计算:

$$P = \frac{\pi d_v l_d c_3}{k_b} \tag{3-3}$$

式中:c_3——灌浆材料的黏结强度;

d_v——钻孔直径。

外荷载作用下,预应力锚索内锚固段会沿着最薄弱环节破坏,此时所对应的抗拔荷载即为预应力锚索的极限抗拔承载力。潜在的薄弱位置有 5 处,包括:灌浆材料与锚束体(钢绞线)之间的接触面、灌浆材料与周围岩体的接触面、灌浆材料内部、围岩体内部以及锚束体(钢绞线)自身。一般情况下,锚束体(钢绞线)自身被拉断(超过其屈服强度)的可能性很小,因此,主要研究其余 4 种可能的破坏情况。

预应力锚索的极限侧阻力和极限抗拔力是锚索设计的关键。极限侧阻力的大小直接关系到锚索锚固段的长短或锚索的极限抗拔力,而极限抗拔力的大小则决定了锚索的布置及数量。一般说来，锚索锚固段的侧阻力与岩体的种类、无侧限抗压强度、风化程度、破碎特性以及灌浆材料、灌浆压力等因素有关，而极限抗拔力除与上述因素有关外，还取决于锚固段长度、锚固段破裂面形状等。破裂面形状是计算锚索极限抗拔力的关键，破裂面形状一旦确定，即可根据极限平衡原理及岩体破坏准则计算锚索极限抗拔力。

3.2 预应力锚索破坏特性

在极限抗拔荷载作用下，对于锚杆(索)的破裂面形状有各种不同的假设：最简单的假设是锚杆(索)沿浆体与岩土体的接触面破坏[图 3-1a)]；Mors 假设破裂面为圆锥面[图 3-1b)]；Balla 通过大量的试验资料的研究，认为破裂面为圆弧形，其端部与锚杆(索)相切，而在地表处与水平面成 $45° - \varphi/2$ 夹角[图 3-1c)]，Baker 和 Kondner 也建议了类似的形状破裂面；Macdonald 将锚杆分为浅埋和深埋两种，并分别假设了不同的破裂面形状，其中浅埋锚杆破裂面假设为抛物线形，而深埋锚杆破裂面设为圆柱形；Matsuo 假设破裂面为直线和对数螺旋线的复合型破裂面且在地表处与水平面成 $45° - \varphi/2$ 夹角；Clemence 和 Veesaert 通过大量试验证实：破裂面均为曲线形破裂面，为研究方便可简化为直线形；国内茜平一等人认为在竖向荷载作用下，抗拔锚板四周土中的破裂面呈对称的喇叭形，其切线方向在板边缘近似垂直，在地表处接近 $45° - \varphi/2$。

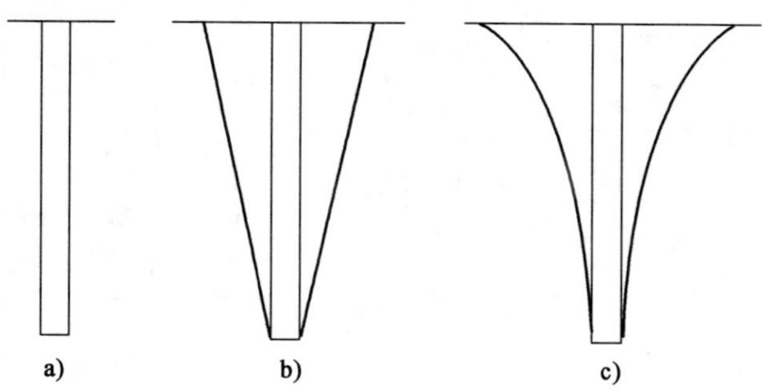

图 3-1 预应力锚索典型破裂面形式

3.2.1 模型分析

1)基本假设

根据上述分析并结合预应力锚索锚固段的具体特点，作出如下假设：

(1)预应力锚索在极限抗拔荷载作用下，破裂面内端与锚固段相切。

(2)破裂面在锚固段顶部与水平面成 $e\varphi$ 角(φ 为岩体内摩擦角,e 为待定参数)。

(3)破裂面为一幂次函数确定的曲线形破裂面。

2)破裂面参数方程

根据上述假设并结合图 3-2 所示锚索破裂面计算模型,可得出如下破裂面参数方程:

$$x = r + \frac{L}{\tan(e\varphi)n}\left(\frac{L}{z}\right)^{n} \tag{3-4}$$

式中:r——锚固段半径;

L——锚固段长度;

φ——岩体内摩擦角;

e、n——待定参数。

当 $z = L$ 时,可求出锚索锚固段顶部的破坏范围:

$$x_{\mathrm{G}} = r + \frac{L}{\tan(e\varphi)n} \tag{3-5}$$

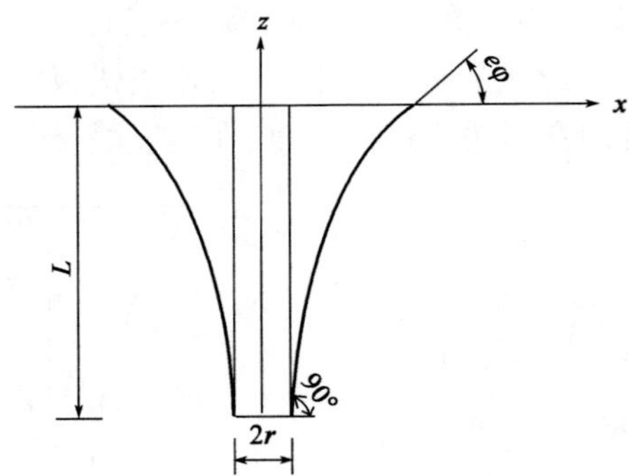

图 3-2 锚索破裂面计算模型

3)特例讨论

根据破裂面参数方程,讨论以下几个特例。

(1)当 n 趋近于无限大时,$z \leqslant L$,因此有:

$$\lim_{n\to\infty}\left[r + \frac{L}{\tan(e\varphi)n}\left(\frac{z}{L}\right)^{n}\right] = r \tag{3-6}$$

这种情况下对应的破裂面如图 3-1a)所示。

(2)当 n 趋近于零时,对应的破裂面方程为:

$$x_G = r + \frac{z}{\tan(e\varphi)} \tag{3-7}$$

这种情况下对应的破裂面如图 3-1b)所示。

(3)当 n 取其他值时,破裂面为图 3-1c)所示的复合破裂面。

3.2.2 Hoek-Brown 准则

常规 Hoek-Brown 准则为:

$$\frac{\sigma_1^* - \sigma_3^*}{\sigma_c^*} = \sqrt{m\frac{\sigma_3^*}{\sigma_c^*} + s} \tag{3-8}$$

式中:σ_1^*、σ_3^*——大、小主应力;

σ_c^*——完整岩块无侧限抗压强度;

m、s——常数,与岩体类型、完整性、风化程度等因素有关。

根据 Hoek&Brown 的研究成果,参数 m、s 与岩体的类型参数 m_0 和质量分类指标参数 RMR、GSI 等有关,并给出了相应的计算公式:

$$m = m_0\exp\frac{\text{RMR} - 100}{a} \tag{3-9}$$

$$s = \exp\frac{\text{RMR} - 100}{b} \tag{3-10}$$

对于未经扰动的岩体,$a=28$,$b=9$。

采用 Lambe 变量$[p^* = (\sigma_1^* + \sigma_3^*)/2$、$q^* = \frac{(\sigma_1^* - \sigma_3^*)}{2}]$对上述公式进行简化,则:

$$\frac{q^*}{\beta} = \sqrt{2\left(\frac{p^*}{\beta} + \zeta\right) + 1} - 1 \tag{3-11}$$

$$\beta = \frac{m\sigma_c}{8}, \quad \zeta = \frac{8s}{m^2}$$

相应地,参数 β、ζ 也可以通过岩体质量分类指标进行计算:

$$\beta = \sigma_c^* \frac{m_0}{8}\exp\frac{\text{RMR} - 100}{a} \tag{3-12}$$

$$\zeta = \frac{8}{m_0^2}\exp\frac{\text{RMR} - 100}{c} \tag{3-13}$$

其中：
$$c=\frac{ab}{a-2b}$$

采用无量纲参数，上式变为：

$$q+1=\sqrt{2(p+\zeta)+1} \tag{3-14}$$

其中：
$$p=\frac{p^*}{\beta},\quad q=\frac{q^*}{\beta}$$

β 代表破坏准则和所有的应力变量，称为强度模量；ζ 代表岩体的相对质量和强度。

摩擦角 ρ 定义如下：

$$\sin\rho=\frac{\mathrm{d}q}{\mathrm{d}p}=\frac{1}{1+q} \tag{3-15}$$

破坏圆的摩尔强度包络线可以通过参数 ρ 来表达：

$$\tau=q\cos\rho \tag{3-16}$$

$$\sigma=p-q\sin\rho \tag{3-17}$$

进一步简化，可求得如下关系式：

$$\tau=\frac{\tau^*}{\beta}=\frac{1-\sin\rho}{\tan\rho} \tag{3-18}$$

$$\sigma=\frac{\sigma^*}{\beta}+\zeta=\frac{1}{2}\left(\frac{1-\sin\rho}{\sin\rho}\right)^2(1+2\sin\rho) \tag{3-19}$$

式中：σ^*——作用在微元破裂面上的法向应力；

τ^*——作用在微元破裂面上的切向应力。

式(3-19)可化为：

$$2\sin^3\rho-(2\sigma+3)\sin^2\rho+1=0 \tag{3-20}$$

解方程(3-20)可得到：

$$\frac{\pi}{2}-\rho=\left(\frac{8}{3}\sigma\right)^{0.25} \tag{3-21}$$

则有：

$$\tau\approx(\sigma)^{0.75} \tag{3-22}$$

由式(3-22)确定的无量纲形式的 Hoek-Brown 准则在(σ,τ)坐标系下的曲线见图 3-3。

$$\tau^* = \sigma^{0.75}\beta = \left(\frac{\sigma^*}{\beta} + \zeta\right)^{0.75}\beta \quad (3\text{-}23)$$

特别地,当 $\sigma^*=0$ 时,上式可简化为:

$$\tau^* = \zeta^{0.75}\beta \quad (3\text{-}24)$$

当采用岩体质量分类指标时,式(3-23)可化为:

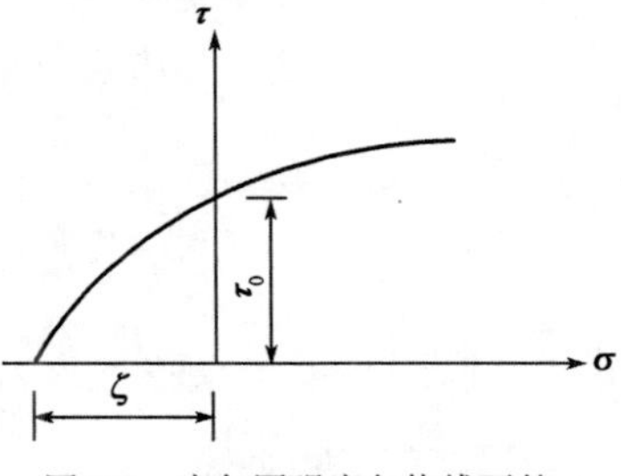

图 3-3　摩尔圆强度包络线下的 Hoek-Brown 准则

$$\tau^* = \sigma_c^* \frac{m_0}{8}\exp\frac{\text{RMR}-100}{a}\left(\frac{8}{m_0}\right)^{0.75} \times \left[\frac{\sigma^*}{\sigma_c^*}\exp\frac{100-\text{RMR}}{a} + \frac{1}{m_0}\exp\frac{\text{RMR}-100}{c/0.75}\right]^{0.75} \quad (3\text{-}25)$$

当 $\sigma^*=0$ 时,式(3-25)可表达为:

$$\tau^* = \sigma_c^* \frac{m_0}{8}\exp\frac{\text{RMR}-100}{A}\left(\frac{8}{m_0}\right)^{0.75}\exp\frac{\text{RMR}-100}{c/0.75} \quad (3\text{-}26)$$

3.3　锚索极限抗拔力计算

图 3-4 所示为典型胶结式拉力型预应力锚索,考虑其极限抗拔力问题时,设锚索自由段长度为 h,锚固段长度为 L,锚索孔径为 d,灌浆材料为水泥砂浆。根据灌浆材料、接触面的强度与岩体强度的大小关系分析,有两种可能的破坏情况,下面分别进行研究。

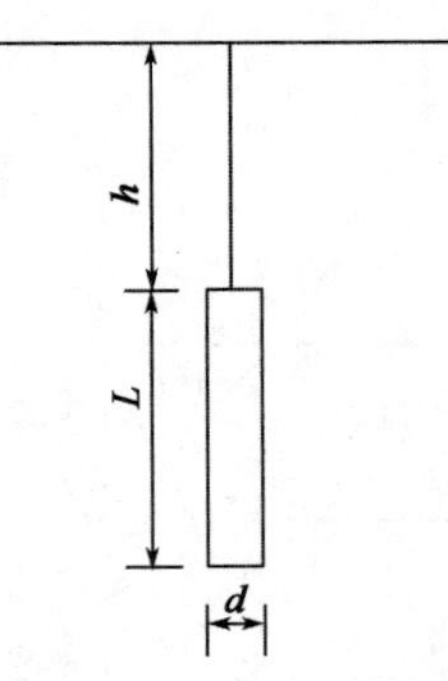

图 3-4　典型锚索形式

1)浆材、接触面强度小于岩石强度情况下锚索的极限抗拔承载力

此种情况下,锚索沿浆体与孔壁接触面破坏,其破裂面如图 3-1a)所示,锚索的极限抗拔承载力可根据 Hoek-Brown 准则按下式计算:

$$P_{\text{ult}} = \pi dL\tau^* = \pi dL\left(\frac{\sigma^*}{\beta} + \zeta\right)\beta \quad (3\text{-}27)$$

若采用岩体分类指标表示锚索极限抗拔力,则上式可化为:

$$P_{\text{ult}} = \pi dL\sigma_c^* \frac{m_0}{8}\exp\frac{\text{RMR}-100}{a}\left(\frac{8}{m_0}\right)^{0.75} \times \left[\frac{\sigma^*}{\sigma_c^*}\exp\frac{100-\text{RMR}}{a}+\frac{1}{m_0}\exp\frac{\text{RMR}-100}{c/0.75}\right]^{0.75} \tag{3-28}$$

式中：P_{ult}——锚索极限抗拔力；

σ^*——灌浆压力；

其他符号意义同前。

当采用无压力灌浆时，上式可进一步简化为：

$$P_{\text{ult}} = \pi dL\sigma_c^* \frac{m_0}{8}\exp\frac{\text{RMR}-100}{a}\left(\frac{8}{m_0^2}\right)^{0.75}\exp\frac{\text{RMR}-100}{c/0.75} \tag{3-29}$$

2）浆材、接触面强度大于岩石强度情况下锚索的极限抗拔承载力

此情况下，锚索沿岩体破坏，对应的破裂面形状可采用本书建议的破裂面方程描述。在此基础上，采用 Hoek-Brown 准则，根据极限平衡原理研究破裂面上力的平衡问题，确定锚索的极限抗拔力。假设锚索自由段上的岩土体用超载代替，其大小为 $q_0=\gamma h$，其中，γ 为自由段岩土体的平均重度，h 为自由段长度。

建立如图 3-5 所示的计算模型，取图中一微元体进行极限平衡分析。假设

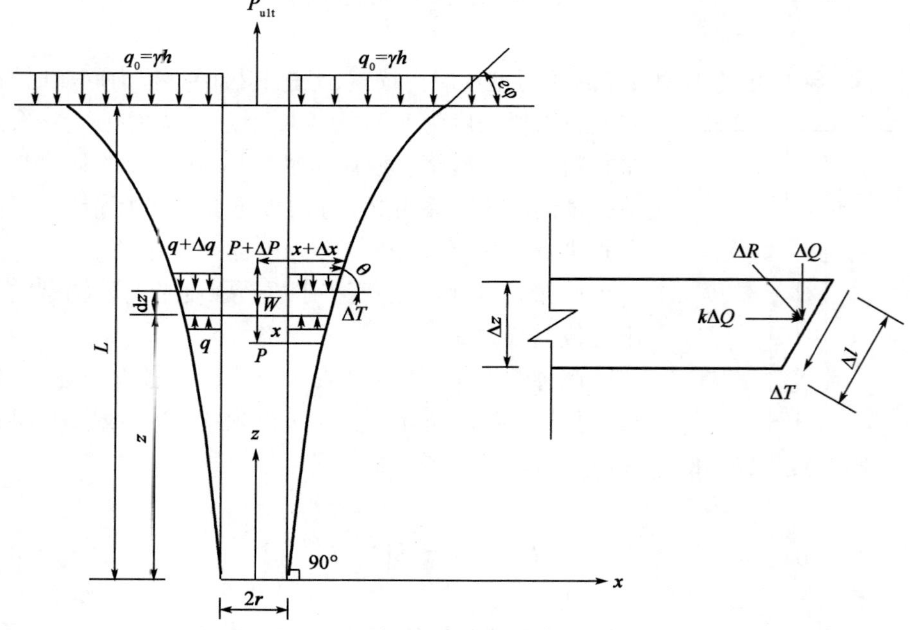

图 3-5　锚索极限抗拔力计算模型

作用在微元破裂面上的法向应力为 σ^*，切向应力为 τ^*，破裂面长度设为 Δl。根据 Hoek-Brown 准则，有：

$$\tau^* = \left(\frac{\sigma^*}{\beta} + \zeta\right)^{0.75}\beta \tag{3-30}$$

作用在破裂面上的法向应力可通过下式计算：

$$\sigma^* = \sigma_z^*(\cos\theta + k\sin\theta) \tag{3-31}$$

$$\sigma_z^* = \gamma h + \gamma'(L - z - \Delta z/2) \tag{3-32}$$

式中：θ——微元体破裂面切线方向与水平向的夹角；

k——岩体侧向压力系数；

γ'——锚固段岩体平均重度；

L——锚固段长度。

式(3-30)可化为：

$$\tau^* = \left[\frac{\gamma h + \gamma'(L - z - \Delta z/2)}{\beta}(\cos\theta + k\sin\theta) + \zeta\right]^{0.75}\beta \tag{3-33}$$

根据微元体竖向力的平衡条件得：

$$\frac{\Delta P}{\Delta z} = \pi q\frac{\Delta x}{\Delta z}(2x + \Delta x) + \pi\frac{\Delta q}{\Delta z}(x + \Delta x)^2 + \pi\left(x + \frac{\Delta x}{2}\right)^2\gamma' + 2\pi\left(x + \frac{\Delta x}{2}\right)[\tau^*\mathrm{ctan}\theta + \sigma^*] \tag{3-34}$$

对上式两边取极限，则有：

$$\frac{\mathrm{d}P}{\mathrm{d}z} = 2\pi q\frac{\mathrm{d}x}{\mathrm{d}z} + 2\pi x(\tau^*\mathrm{ctan}\theta + \sigma^*) + \pi\gamma' x^2 \tag{3-35}$$

其中：

$$q = \gamma h + \gamma'(L - z),\quad \frac{\mathrm{d}x}{\mathrm{d}z} = \mathrm{ctan}\theta$$

于是式(3-35)可化为：

$$\frac{\mathrm{d}P}{\mathrm{d}z} = 2\pi x\left\{\left[\frac{\gamma h + \gamma'(L - z)}{\beta}(\cos\theta + k\sin\theta) + \zeta\right]^{0.75}\beta\mathrm{ctan}\theta + [\gamma h + \gamma'(L - z)](\cos\theta + k\sin\theta)\right\} +$$

$$2\pi[\gamma h + \gamma'(l - z)]\text{ctan}\theta + \pi\gamma' x^2 \tag{3-36}$$

对式(3-36)积分可求得锚索抗拔力计算公式：

$$P = 2\pi\int_0^L \left\{[\gamma h + \gamma'(l - z)]\text{ctan}\theta + x\left\{\left[\frac{\gamma h + \gamma'(L - z)}{\beta}(\cos\theta + k\sin\theta) + \zeta\right]^{0.75}\beta\text{ctan}\theta + [\gamma h + \gamma'(L - z)](\cos\theta + k\sin\theta)\right\} + \frac{\gamma' x^2}{2}\right\}\text{d}z \tag{3-37}$$

式中，$\cos\theta$、$\sin\theta$ 和$\frac{\text{d}z}{\text{d}x}$之间存在如下关系式：

$$\tan\theta = \frac{\text{d}z}{\text{d}x} = \tan(e\varphi)\left(\frac{L}{z}\right)^{n-1}$$

$$\cos\theta = \sqrt{\frac{1}{1 + \tan^2\theta}}$$

$$\sin\theta = \sqrt{\frac{\tan^2\theta}{1 + \tan^2\theta}}$$

将上述关系方程代入式(3-37)，即可求得关于 e、n 的计算锚索抗拔承载力的参数方程。

为计算锚索的极限抗拔承载力，提出一个极值原理：在所有可能的破裂面中，真实的破裂面使得锚索对应的抗拔力为最小。

用数学公式可表达为：

$$\begin{cases}\dfrac{\text{d}P}{\text{d}n} = 0 \\ \dfrac{\text{d}P}{\text{d}e} = 0\end{cases} \tag{3-38}$$

根据方程组(3-38)，即可确定出参数 e、n，进而得到相应的破裂面方程及对应的锚索极限抗拔承载力。

3.4 算 例 分 析

锚索锚固段长度5m，自由段长度10m，钻孔直径100mm，自由段岩土为碎石土，平均重度为 $\gamma = 19\text{kN/m}^3$，锚固段岩体为灰岩，其主要指标参数为：$\gamma' =$

21kN/m^3；$\varphi = 55°$；$m_0 = 7$；RMR = 70；无侧限抗压强度 $\sigma_c^* = 50\text{MPa}$。根据 Hoek-Brown 准则，可求得：$m = 2.4$；$s = 0.036$；$\beta = 15\text{MPa}$；$\zeta = 0.05$。根据上述参数，计算锚索极限抗拔力。

1）浆材、接触面强度小于岩石强度情况下锚索的极限抗拔承载力

此种情况下，锚索极限抗拔力计算公式为：

$$P_{\text{ult}} = 23.55\left(\frac{\sigma^*}{15} + 0.05\right)^{0.75} \tag{3-39}$$

不同的灌浆压力下锚索的极限抗拔力见图 3-6。

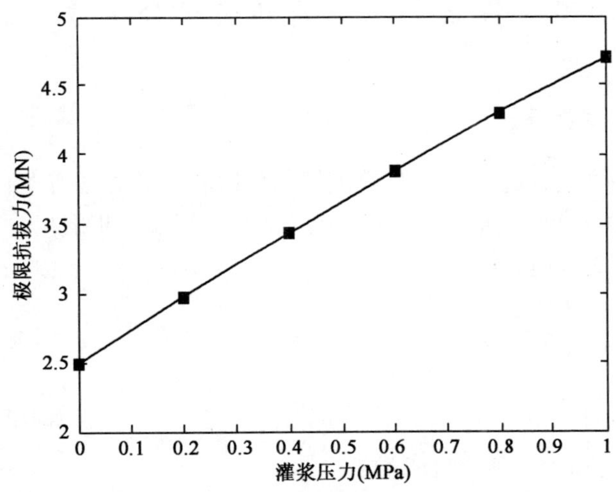

图 3-6　不同灌浆压力下锚索极限抗拔力

从图 3-6 中可以看出，锚索极限抗拔力随灌浆压力的增加而增大，采用 0.5MPa压力灌浆时对应的极限抗拔力比无压灌浆时对应的极限抗拔力大 46%。可见，在锚索施工中，压力灌浆对于提高锚索极限抗拔承载能力十分重要。但太高的灌浆压力容易造成岩体劈裂，破坏岩体的完整性，降低锚索的极限承载力。因此，应根据具体情况选用合适的灌浆压力。

2）浆材、接触面强度大于岩石强度情况下锚索的极限抗拔承载力

此种情况下，按照上述模型及相应的计算参数，计算得到待定参数分别为：$e = 0.28$，$n = 3.1$，锚索的极限抗拔力为 5234kN。

4 预应力锚索加固边坡的稳定性极限分析方法

4.1 锚索加固边坡的极限分析方法

4.1.1 强度折减法

在极限分析中,使边坡达到临界破坏的极限状态的方法有两种:一是增加外荷载或边坡土体重度;二是降低土体强度,即强度折减。折减后土体的抗剪强度参数 c'、φ'可定义为(图4-1):

$$c' = \frac{c}{F^{\mathrm{trial}}} \tag{4-1}$$

$$\varphi' = \arctan\left(\frac{\tan\varphi}{F^{\mathrm{trial}}}\right) \tag{4-2}$$

式中:c、φ——实际的抗剪强度参数;

F——折减系数。

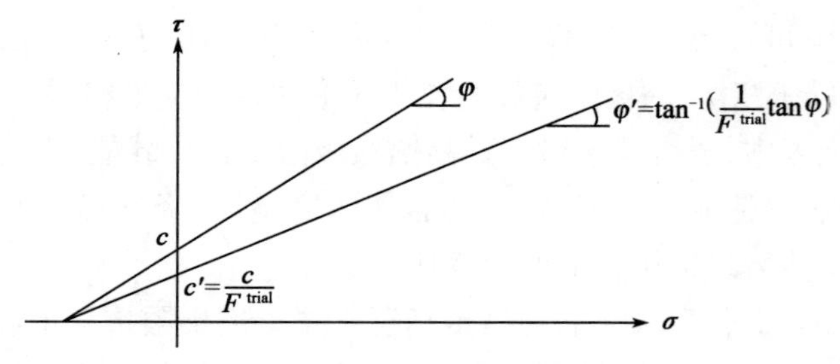

图4-1 土体实际强度和折减后强度的关系

4.1.2 边坡稳定性的极限分析方法

极限分析上限法基于塑性理论中的上限定理,其用于土体时应满足以下的假定条件:

(1)土体为理想塑性材料。

(2)土体的屈服方程在应力空间是外凸的。

(3)土体服从相关联流动法则。

根据上限定理,对于任意机动容许的破坏模式,内能损耗率不小于外力的功率,可用下式表示:

$$\int_V \sigma_{ij}\dot{\varepsilon}_{ij}\mathrm{d}V \geqslant \int_S T_i v_i \mathrm{d}S + \int_V X_i v_i \mathrm{d}V \qquad (i,j=1,2,3) \tag{4-3}$$

式中:X_i——体积力;

T_i——表面力;

v_i——机动容许的速度场;

$\dot{\varepsilon}_{ij}$——与 v_i 相容的应变率场;

σ_{ij}——与 X_i 和 T_i 关联的应力场;

S——表面力作用面积;

V——破坏的岩土体体积。

本书为简化计算,不考虑孔隙水压力和地震荷载对边坡稳定的影响。

采用极限分析时的机动容许的速度场如图 4-2 所示,其破坏面为对数螺旋线破坏模式,对应的方程为:

$$r = r_0 \mathrm{e}^{(\theta-\theta_0)\frac{\tan\varphi}{F^{\mathrm{trial}}}} \tag{4-4}$$

式中: θ——对数螺旋线半径 r 与水平线的夹角;

θ_0——对数螺旋线起始半径 r_0 与水平线的夹角;

r_0——对数螺旋线对应于初始角度 θ_0 时的半径;

$\tan\varphi/F^{\mathrm{trial}}$——按安全系数折减后的内摩擦角值;

其他符号意义同前。

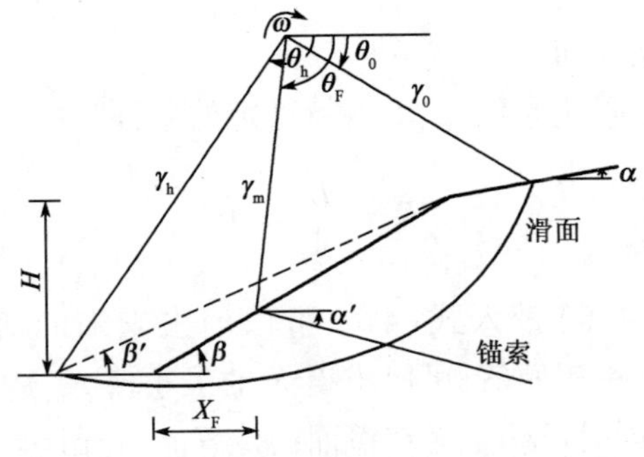

图 4-2　锚索加固边坡稳定性问题

破坏土体视为刚体以角速度 ω 绕转动中心旋转，此种破坏模式得到了多数研究者的认可和广泛应用。假设锚索锚固力为施加在边坡表面上的外力，则外力做功包括土重力和锚索拉力两部分，而内能损坏则仅发生在沿破坏面上。外力功率的表达式如下：

$$W_{\text{ext}} = \gamma \cdot r_0^{\ 3}\omega(f_1 - f_2 - f_3 - f_4) - T \cdot r_{\text{F}}\omega\cos\left(\frac{\pi}{2} - \theta_{\text{F}} + \alpha'\right) \tag{4-5}$$

式中：　γ——土的重度；

f_1、f_2、f_3、f_4——关于 θ_0、θ_{h}、α、β、β' 和内摩擦角的函数；

β——边坡的坡度；

T——单位宽度土体上锚索的锚固力值；

α'——锚索与水平面的夹角；

r_{F}——锚索位置所对应的对数螺旋线半径；

θ_{h}——对数螺旋线终端半径与水平线的夹角；

θ_{F}——确定锚索位置的角，可由式(4-6)得出。

$$\sin\theta_{\text{F}} = \frac{r_{\text{h}}\sin\theta_{\text{h}} - \dfrac{X_{\text{F}}}{\tan\beta}}{r_{\text{F}}} \tag{4-6}$$

式(4-5)是在假设滑动面通过坡角下方时得出的，对于滑动面通过坡角的边坡可以令式(4-5)中 $f_4 = 0$，$\beta' = 0$ 求得。

内能耗散率的表达式为：

$$D_{\text{int}} = \frac{c r_0^{\ 2}\omega}{2\tan\varphi}\left[\mathrm{e}^{2(\theta_{\text{h}}-\theta_0)\frac{\tan\varphi}{F^{\text{trial}}}} - 1\right] \tag{4-7}$$

式中符号的意义同前。

根据极限分析上限法原理，边坡保持稳定的条件为：

$$K = \frac{D}{W} \geqslant 1 \tag{4-8}$$

把式(4-5)、式(4-6)带入式(4-7)可以消去未知的变量 ω。对于任意的 F^{trial}，通过改变 θ_0、θ_{h} 和 β' 的值，可以求得 K 的最小值 $K_{\min}$。$K_{\min} = 1$ 时的 F^{trial} 即为边坡的安全系数，同时可确定潜在滑面的位置。由于计算比较复杂，可编制计算程序解决上述的安全系数计算问题，安全系数计算流程见图 4-3。

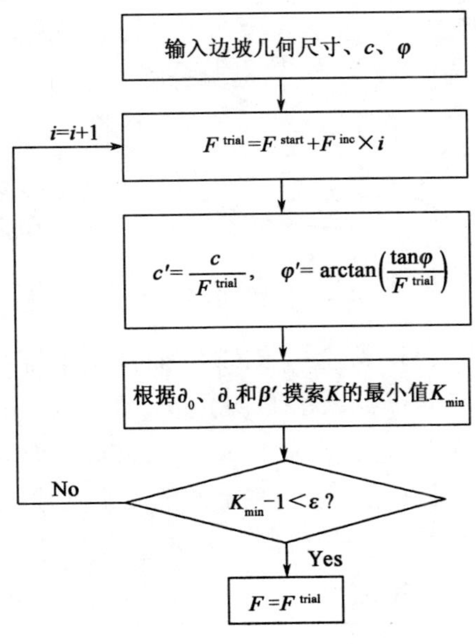

图 4-3 安全系数计算流程图

4.2 计算模型的有效性分析

本书提出了基于强度折减法和极限分析上限定理的计算方法,对该计算模型的有效性可以通过与其他方法的计算结果比较进行检验。

对无支护边坡进行稳定性分析计算。对于高度 $H=13.7$m,坡度 $\beta=30°$ 的边坡(图 4-4),采用不同方法得出的安全系数见表 4-1。

土体参数与安全系数计算结果 表 4-1

土参数		安全系数	
重度(kN/m³)	19.63	Hassiotis et al.	1.08
黏聚力(kPa)	23.94	Hull 和 Poulos	1.12
内摩擦角(°)	10	本书	1.11

其中,Hassiotis et al. 采用摩擦圆法,Hull and Poulos 采用简化 Bishop 法,采用两种不同的分析方法得出的边坡潜在滑面位置见图 4-4。从表 4-1 可以看出,本书计算模型的分析结果介于摩擦圆法和简化 Bishop 法之间。

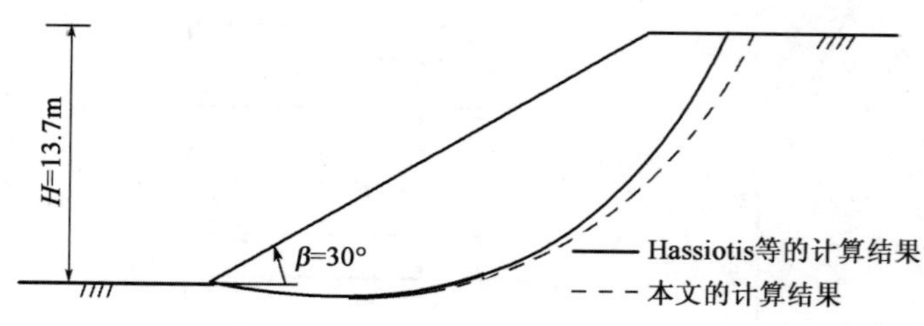

图 4-4　边坡临界滑面位置

假设该边坡无支护状态的安全系数太低，而采用单排锚索加固。假设锚索设在 $X_F = 13.7$m 的位置，锚索与水平面的夹角取 15°，锚索锚固力值 $F = 650$kN/m。采用本书方法计算得出的安全系数为 1.50。Ausilio 对相同的边坡在同一位置采用抗滑桩加固的方法，计算结果要达到 1.5 的安全系数，抗滑桩在滑面处的作用力应为 515kN/m。比较两者力的作用点及其作用方向可以看出，采用本书方法得出的计算结果在合理范围之内。

4.3　分析及结论

4.3.1　锚索位置对边坡安全系数及临界破坏面位置的影响

当支护结构作用于土体后，其抗滑作用不仅改变边坡的安全系数，同时也改变了临界破坏面的位置。因此，对于锚索加固后的边坡，应重新搜索其临界滑面的位置，以确定其达到某一安全系数时要求的最大锚固力。锚索位置对边坡潜在滑面位置的影响见图 4-5，原始边坡的安全系数为 1.11，临界滑面转动中心为 O；在 $X_F = 2$m 处增加一排锚索后（锚索锚固力为 500kN，倾角为 15°），安全系数为 1.66，临界滑面中心变为 O'；而当在坡顶处设置锚索时，安全系数为 1.14，临界滑面中心为 O''。

锚索位置对安全系数的影响如图 4-6所示。对不同的 X_F 值，分别分析临界滑面改变和不变两种情况下的安全系数。从图中可以看出：如果不考虑临界滑面位置的改变，计算出的安全系数值会偏于危险；锚索作用的最有效位置应该在坡脚附近，这与 Ausilio 采用极限分析方法对抗滑桩支护边坡最有效支护位置的分析结果相吻合。

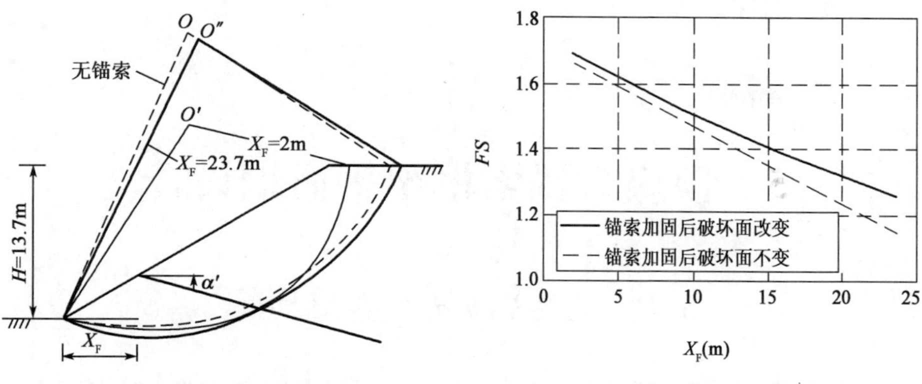

图 4-5 临界滑面随锚索位置的变化

图 4-6 锚索位置对安全系数的影响

4.3.2 锚索倾角的确定

锚索设计时,应在满足边坡稳定性要求下尽量考虑其经济性,因此需要对锚索的锚固力和锚索长度进行优化,求得最优的锚索倾角。由式(4-4)可知,锚索锚固力的功率为:

$$W_r = T \cdot r_F \omega \cos\left(\frac{\pi}{2} - \theta_F + \alpha'\right) \tag{4-9}$$

若不考虑锚索长度,则有 $\pi/2 - \theta_F + \alpha' = 0$,即锚索倾角 $\alpha' = \theta_F - \pi/2$ 时,锚索的做功效率最高,此时锚索的倾角为最大锚固力作用的倾角,而锚索的倾角与其长度之间存在一定的函数关系,在此锚固角时锚索造价不一定最低。设锚索的总长度为 L,且滑面两侧的长度相等,则 L 可以表示成 α' 的函数:$L = f(\alpha')$,对下式求最大值可得最优锚索倾角。

$$\frac{W_r}{L} = \frac{T \cdot r_F \omega \cos\left(\frac{\pi}{2} - \theta_F + \alpha'\right)}{f(\alpha')} \tag{4-10}$$

式中:$f(\alpha')$——关于 α' 的函数。

5 预应力锚索框架护面墙设计

5.1 框架节点力的分配机制

预应力锚索框架由预应力锚索和框架梁共同组成，锚索埋设在稳定岩体内，提供预应力荷载，并通过框架梁施加在坡体上，以达到稳定坡体的目的。为简化设计计算，分析时将框架梁简化成地基上正交交叉梁系，分离成两个方向上的地基梁。问题的关键是如何进行节点上荷载的分配，一旦确定了节点荷载的分配原则，复杂的预应力框架护面墙问题就简化成了地基梁问题。图5-1所示为典型的框架护面墙结构示意图。

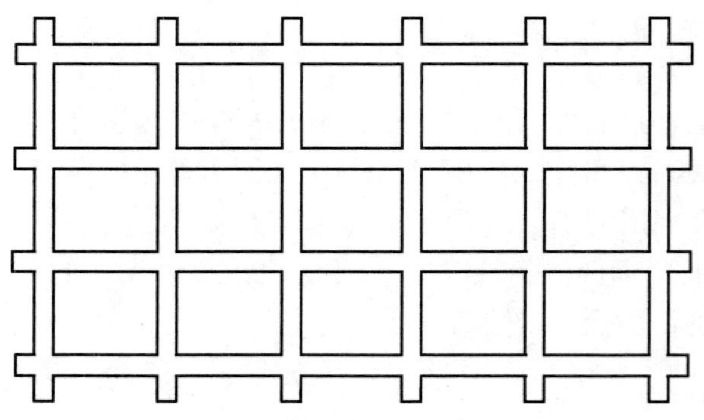

图5-1 典型框架护面墙结构示意图

假设框架护面墙纵梁与横梁在抗扭刚度为零的条件下，节点满足如下条件：

(1)荷载分配满足节点处的静力平衡条件，即分配在框架节点上的荷载总和等于锚索施加在节点上的外荷载。

(2)框架节点处的竖向位移相等。

根据上述协调关系，有下式成立：

$$P_i = P_{ix} + P_{iy} \tag{5-1}$$

$$w_{ix} = w_{iy} \tag{5-2}$$

每个节点上可以建立两个方程,每个节点方程有两个未知数,对于 n 个节点,可以建立 $2n$ 个方程,从而可以确定每个节点荷载在纵横梁上的分配。

在外荷载作用下,Winker 地基上无限长梁和有限长梁在作用点处的挠度公式分别为:

$$w = \frac{\lambda P}{2kbs} \quad （无限长梁） \tag{5-3}$$

$$w = \frac{2\lambda P}{kbs} \quad （半无限长梁） \tag{5-4}$$

$$s = \sqrt[4]{\frac{4EI}{kb}}$$

正交框架护面墙框架梁可以看成是无限长梁,因此,在节点预应力荷载作用下,任意节点位置处的挠度为:

$$w_{ix} = \frac{\lambda P_{ix}}{2kb_x s_x} \tag{5-5}$$

$$w_{iy} = \frac{\lambda P_{iy}}{2kb_y s_y} \tag{5-6}$$

联立求解式(5-1)、式(5-2)、式(5-5)、式(5-6)得:

$$P_{ix} = \frac{b_x s_x}{b_x s_x + b_y s_y} P_i \tag{5-7}$$

$$P_{iy} = \frac{b_y s_y}{b_x s_x + b_y s_y} P_i \tag{5-8}$$

上述节点荷载分配公式适用于中部节点和角部节点[图 5-2a)和 b)]。

而对于边节点,对应的节点荷载分配公式如下[图 5-2c)]:

$$P_{ix} = \frac{b_x s_x}{b_x s_x + 4b_y s_y} P_i \tag{5-9}$$

$$P_{iy} = \frac{4b_y s_y}{b_x s_x + 4b_y s_y} P_i \tag{5-10}$$

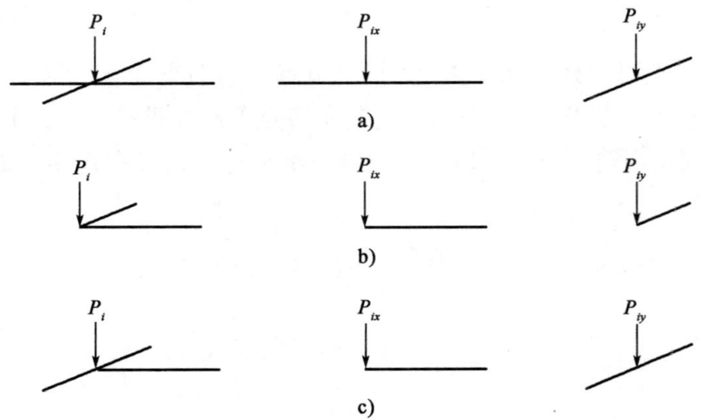

图 5-2　典型框架节点示意图

5.2　预应力锚索地梁的分解和离散化

以如图 5-3 所示的一片预应力锚索地梁单元为研究对象。首先将预应力锚索地梁体系分解成地基梁和地基两部分，再进一步分别对其作离散化处理。将地基梁及其对应的地基部分离散成 n 个微段单元，设各微段单元长度分别为 δ_i $(i=1,2,3,\cdots,n)$，在预应力荷载作用下，假设各微段单元受均匀分布的土反力荷载，其大小分别为 $p_i(i=1,2,3,\cdots,n)$。

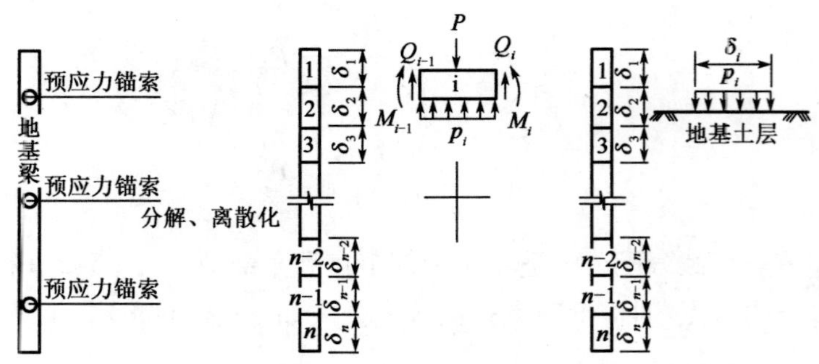

图 5-3　预应力锚索地梁体系的分解和离散化

通过预应力锚索地梁的分解和离散化，下面两节分别对地基梁和梁下地基土进行分析。

5.3 地基变形计算

5.3.1 地基内的应力计算

如图 5-4 所示,半无限平面上作用均匀分布的第 i 微段条形荷载时,地基土内任意点 M 处的应力分布可采用 Boussesiqu 应力解经积分计算。

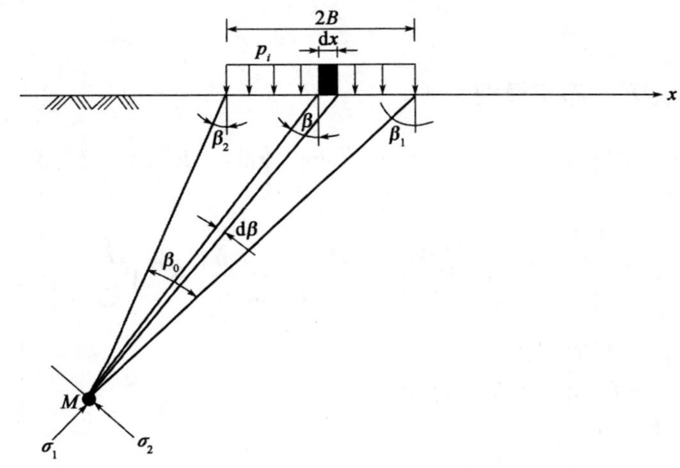

图 5-4 地基应力计算模型

地基内任意点 M 处的应力计算公式如下:

$$(\sigma_x)_{iM} = -\frac{p_i}{\pi}\left(\beta_1 - \beta_2 + \frac{1}{2}\sin 2\theta_2 - \frac{1}{2}\sin 2\beta_1\right) \tag{5-11}$$

$$(\sigma_z)_{iM} = -\frac{p_i}{\pi}\left(\beta_2 - \beta_1 - \frac{1}{2}\sin 2\beta_2 + \frac{1}{2}\sin 2\beta_1\right) \tag{5-12}$$

$$(\tau_{xy})_{iM} = -\frac{p_i}{2\pi}(\cos 2\beta_1 - 2\cos 2\beta_2) \tag{5-13}$$

式中:β_1、β_2——M 点到均布荷载两端连线与竖直方向的夹角;

p_i——作用在地基表面的均布荷载。

相应地,M 点处主应力可按下式计算:

$$(\sigma_1)_{iM} = \frac{p_i}{\pi}(\beta_0 + \sin\beta_0) \tag{5-14}$$

$$(\sigma_3)_{iM} = \frac{p_i}{\pi}(\beta_0 - \sin\beta_0) \tag{5-15}$$

根据应力叠加原理,可计算出所有各微段均布荷载作用下地基土内任意点 M 处的主应力:

$$(\sigma_1)_M = \sum_{i=1}^{n}(\sigma_1)_{iM} \tag{5-16}$$

$$(\sigma_3)_M = \sum_{i=1}^{n}(\sigma_3)_{iM} \tag{5-17}$$

5.3.2 地基土本构模型

地基土分析时采用常用的 Duncen-Chang 弹性非线性本构模型,切线模量按下式计算:

$$E_t = \left[1 - R_f\frac{(1-\sin\varphi)(\sigma_1-\sigma_3)}{2c\cos\varphi + 2\sigma_3\sin\varphi}\right]^2 KP_a\left(\frac{\sigma_3}{P_a}\right)^n \tag{5-18}$$

式中:R_f——岩土的破坏比;

c、φ——岩土的黏聚力和内摩擦角;

K、n——试验参数;

σ_1、σ_3——第一和第三主应力。

岩土的切线泊松比按下式计算:

$$\mu_t = \frac{G - F\lg\left(\frac{\sigma_3}{P_a}\right)}{(1-A)^2} \tag{5-19}$$

$$A = \frac{D(\sigma_1-\sigma_3)}{\left[1 - R_f\frac{(1-\sin\varphi)(\sigma_1-\sigma_3)}{2c\cos\varphi + 2\sigma_3\sin\varphi}\right]KP_a\left(\frac{\sigma_3}{P_a}\right)^n} \tag{5-20}$$

式中:D、G、F——试验参数。

地基土模型的 8 个参数可通过试验确定,因此,当任意点处的主应力已知时,即可按模型计算其切线模量和切线泊松比。

5.3.3 修正分层总和法

修正分层总和法计算地基沉降(图 5-5),其具体步骤如下:

(1)将基底岩土划分为 n 层,每一层的厚度为 h_i,土层的分界面应作为岩土层的划分线,土层厚度宜为2m左右,地基计算深度按照地基规范选取。

(2)根据应力解的叠加公式(5-14)和式(5-15)计算岩土体内各分层土厚度中点处的主应力,$(\sigma_1)_i$、$(\sigma_3)_i$$(i=1,2,3,\cdots,n)$。

(3)取各土层原状土样做室内三轴试验,获取各岩土层的主要物理力学指标,包括:γ、c、φ、R_f、k、n、G_i 等。

(4)根据 Duncen-Chang 本构模型公式(5-8)、式(5-10)计算各土层应力水平下的切线模量和切线泊松比。

(5)根据下式计算各土层对应的竖向应变:

$$(\varepsilon_z)_i = \frac{1}{(E_t)_i}\left\{(\sigma_z)_i - (\mu_t)_i[(\sigma_r)_i + (\sigma_\theta)_i]\right\} \tag{5-21}$$

(6)按照下式求出各土层对应的沉降值:

$$(s)_i = (\varepsilon_z)_i h_i \tag{5-22}$$

(7)各土层的沉降之和即为地基相应荷载下的总沉降:

$$s = \sum_{i=1}^{n}(s)_i \tag{5-23}$$

(8)计算层厚度按下式确定:

$$\frac{(s)_{n+1}}{\sum_{i=1}^{n}(s)_i} \leqslant \delta \tag{5-24}$$

式中:δ——沉降精度控制量,一般定为1%~3%,可根据工程精度需要设定。

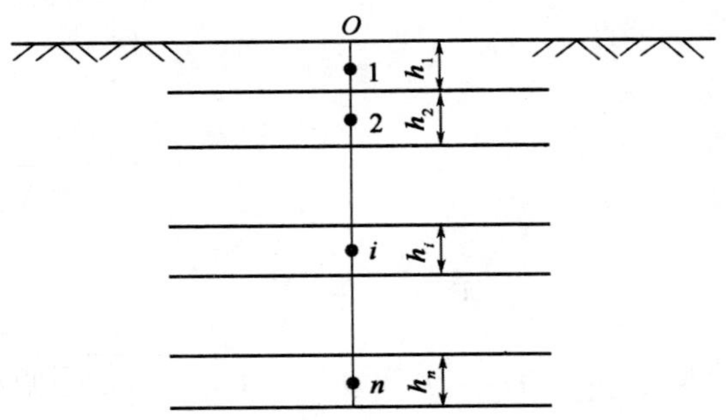

图5-5 修正分层总和法计算图

采用上述方法,可以计算地基在各微段均布荷载作用下,任意微段中点处的沉降量 $s_i$$(i=1,2,3,\cdots,n)$。

5.4 地梁的变形分析

地梁微段的变形特性可采用材料力学的方法求解，以任意微段 i 为例给出计算过程，对应的计算简图见图 5-6。

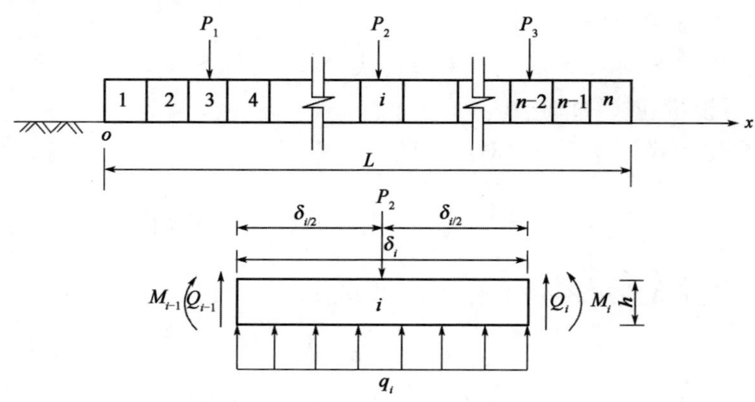

图 5-6 预应力锚索地梁计算简图

假设作用在该微段上的外荷载包括均布地基反力 q_i 和微段中点处的预应力荷载 P。微段两侧的内力有相应的弯矩和剪力。微段长度为 δ_i，高度为 h。

根据材料力学知识，该微段控制微分方程：

$$EI\frac{\mathrm{d}^4 w}{\mathrm{d}x^4} = -q_i \tag{5-25}$$

式中：E——地梁的弹性模量；

I——地基梁的惯性矩；

w——梁的变形量；

q_i——地基反力。

根据力的平衡条件有：

$$M_i = M_{i-1} + \frac{1}{2}q_i\delta_i^2 - \frac{P}{2}\delta_i \tag{5-26}$$

$$Q_i = P - Q_{i-1} - q_i\delta_i \tag{5-27}$$

第 1 微段和第 n 微段外侧的自由边界条件为：

$$\begin{cases} Q = 0 \text{ 时}, x = 0 \\ M = 0 \text{ 时}, x = 0 \end{cases} \tag{5-28}$$

式中：M——弯矩；

Q——剪力。

$$\begin{cases} Q = 0 \text{ 时}, x = L \\ M = 0 \text{ 时}, x = L \end{cases} \tag{5-29}$$

在外加预应力荷载、各微段土反力作用已知的条件下，将式(5-25)~式(5-29)联立求解，即可得出各微段的变形量。

本书关注的是各微段中点处的变形量，设为 $w_i(i=1,2,3,\cdots,n)$，以便与各地基微段中点处的沉降量之间建立变形协调关系。

5.5 预应力锚索地梁的整体分析

外加预应力荷载、各微段土反力作用已知的条件下，可求得各微段地基、各微段地基梁中点处的变形量。根据两者之间荷载、变形协调关系即可建立联立方程组，对预应力锚索地梁体系进行整体分析。

根据变形协调关系，有：

$$\{s\} = \{w\} \tag{5-30}$$

式中：$\{s\}$——各地基微段中点的沉降量矩阵，$\{s\} = \{s_1, s_2, s_3, \cdots, s_n\}$；

$\{w\}$——地基梁各微段中点处的变形量，$\{w\} = \{w_1, w_2, w_3, \cdots, w_n\}$。

根据力的协调关系，有：

$$\{p\} = -\{q\} \tag{5-31}$$

式中：$\{p\}$——各地基微段中点处的荷载矩阵，$\{p\} = \{p_1, p_2, p_3, \cdots, p_n\}$；

$\{q\}$——地基梁各微段中点处的地基反力矩阵，$\{q\} = \{q_1, q_2, q_3, \cdots, q_n\}$。

采用迭代法求解方程，相应的迭代步骤如下：

(1)假设各微段上均匀侧阻力大小相等，均为：

$$p_1 = p_2 = \cdots = p_n = \frac{Q}{A} \tag{5-32}$$

式中：Q——作用在预应力锚索地梁上的总的外加预应力荷载；

A——地梁底面积。

(2)根据土反力的大小，由式(5-14)~式(5-17)计算地基内部各点处的主应力，按照修正分层总和法计算各地基微段中点处的沉降量。

(3)根据变形协调关系，将第(2)步计算出的变形值代入式(5-25)~

式(5-29)并根据相关的边界条件计算出作用在各微段梁上的土反力,即为一次迭代计算出的地基土反力。

(4)将经一次迭代求得的土反力值重复(2)、(3)步迭代步骤,可以获得二次迭代计算后各微段土反力大小。

(5)重复上述过程可以得到经 N 次迭代后计算出的各微段土反力分布和相应微段的变形量,当前后两次迭代计算出的侧阻力相差满足如下关系时可终止迭代,此时计算出的土反力大小和变形值即为最终解。

$$\frac{(p_i)_N - (p_i)_{N-1}}{(p_i)_{N-1}} \leqslant \zeta \tag{5-33}$$

式中:ζ——一小量,可根据工程精度要求设定。

5.6 锚索框架护面墙实用设计方法

预应力锚索框架护面墙的工程实用分析多采用弹性地基梁的 winker 模型,计算结果表明:按照 winker 模型计算结果偏于安全。框架护面墙在进行结构分析时应考虑以下问题:

(1)框架梁在两个方向上(纵向、横向)的变形协调问题。

(2)节点处基础重叠部分应力值的修正问题。

(3)节点处两个方向梁交叉产生扭矩的问题。

实例计算结果证明:考虑扭矩与不考虑扭矩计算结果相比差异较小,因此一般不考虑扭矩的影响。

下面给出几种比较实用的预应力锚索框架护面墙的设计计算方法。

5.6.1 荷载多次传递法

1)荷载多次传递法的基本假设

本方法通过对预应力锚索框架梁节点荷载进行多次荷载传递,使纵、横两个方向上的弹性地基梁在各自分担荷载下产生的节点挠度相等,以保证框架地基梁满足共同变形协调条件。采用本方法计算所作的基本假设为:

(1)地基采用 Winker 地基模型。

(2)计算框架节点挠度时,不仅考虑本节点荷载的作用,还要考虑相邻节点荷载的影响。

(3)不考虑地基梁与地基之间的摩擦力。

(4)不考虑节点两个方向产生的扭矩,将框架节点视为铰节点。

2)荷载多次传递法的计算原理

考察如图5-7所示的典型框架单元模型。根据横向、纵向梁交叉节点处挠度相等的原则,对节点 i 的荷载有:

$$y_{ix} = y_{iz} \tag{5-34}$$

由于:

$$y_{ix} = \frac{p_x}{k} = \frac{\frac{p_{ix}}{b_x s_x}\eta_{p(ix)}}{k} = \frac{p_{ix}\eta_{p(ix)}}{b_x s_x k} \tag{5-35}$$

$$y_{iz} = \frac{p_z}{k} = \frac{\frac{p_{iz}}{b_z s_z}\eta_{p(iz)}}{k} = \frac{p_{iz}\eta_{p(iz)}}{b_z s_z k} \tag{5-36}$$

于是:

$$\frac{p_{iz}\eta_{p(iz)}}{b_z s_z k} = \frac{p_{ix}\eta_{p(ix)}}{b_x s_x k} \tag{5-37}$$

令:

$$R_x = b_x s_x k\ ;\ R_z = b_z s_z k$$

则:

$$y_{ix} = \frac{p_{ix}\eta_{p(ix)}}{R_x} = y_{iz} = \frac{p_{iz}\eta_{p(iz)}}{R_z} \tag{5-38}$$

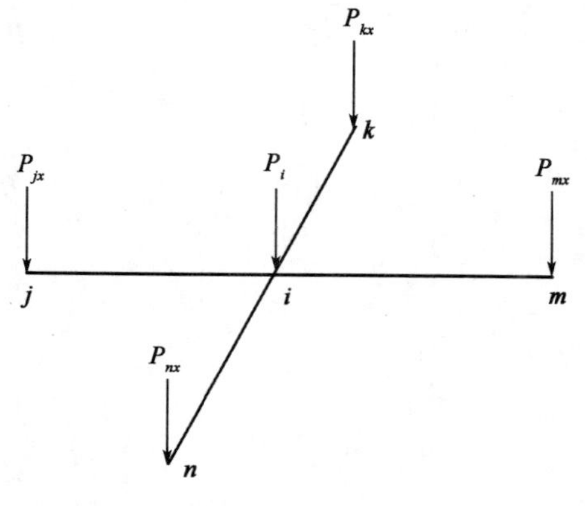

图5-7 预应力锚索框架护面墙相邻荷载示意图

同样,可以求出在相邻节点分荷载作用下该节点的挠度:

$$y' = \frac{p^l}{R}\eta_p^l \tag{5-39}$$

根据节点处的变形连续条件,有:

$$y_{ix} + y'_{ix} + y''_{ix} + \cdots = y_{iz} + y'_{iz} + y''_{iz} + \cdots \tag{5-40}$$

当仅考虑四个相邻节点荷载影响时,各节点荷载对 i 节点产生的挠度为:

$$y_{ix} = \frac{\eta_{p(ix)}}{R_x}p_{ix};\quad y'_{ix} = \frac{\eta^l_{p(ji)}}{R_x}p_{jx};\quad y''_{ix} = \frac{\eta^l_{p(mi)}}{R_x}p_{mx} \tag{5-41}$$

$$y_{iz} = \frac{\eta_{p(iz)}}{R_z}p_{iz};\quad y'_{iz} = \frac{\eta^l_{p(ki)}}{R_z}p_{kz};\quad y''_{iz} = \frac{\eta^l_{p(ni)}}{R_z}p_{nz} \tag{5-42}$$

因此:

$$\frac{\eta_{p(ix)}}{R_x}p_{ix} + \frac{\eta^l_{p(ji)}}{R_x}p_{jx} + \frac{\eta^l_{p(mi)}}{R_x}p_{mx} = \frac{\eta_{p(iz)}}{R_z}p_{iz} + \frac{\eta^l_{p(ki)}}{R_z}p_{kz} + \frac{\eta^l_{p(ni)}}{R_z}p_{nz} \tag{5-43}$$

由于:

$$p_i = p_{ix} + p_{iz} \tag{5-44}$$

$$\frac{\eta_{p(ix)}}{R_x}p_{ix} = \frac{\eta_{p(iz)}}{R_z}(p_i - p_{ix}) + \frac{\eta^l_{p(ki)}}{R_z}p_{kz} + \frac{\eta^l_{p(ni)}}{R_z}p_{nz} - \frac{\eta^l_{p(ji)}}{R_x}p_{jx} - \frac{\eta^l_{p(mi)}}{R_x}p_{mx} \tag{5-45}$$

$$\frac{\eta_{p(ix)}}{R_x}p_{ix} + \frac{\eta_{p(iz)}}{R_z}p_{ix} = \frac{\eta_{p(iz)}}{R_z}p_i + \frac{\eta^l_{p(ki)}}{R_z}p_{kz} + \frac{\eta^l_{p(ni)}}{R_z}p_{nz} - \frac{\eta^l_{p(ji)}}{R_x}p_{jx} - \frac{\eta^l_{p(mi)}}{R_x}p_{mx} \tag{5-46}$$

$$p_{ix}\frac{\eta_{p(ix)}R_z + \eta_{p(iz)}R_x}{R_xR_z} = \frac{\eta_{p(iz)}}{R_z}p_i + \frac{\eta^l_{p(ki)}}{R_z}p_{kz} + \frac{\eta^l_{p(ni)}}{R_z}p_{nz} - \frac{\eta^l_{p(ji)}}{R_x}p_{jx} - \frac{\eta^l_{p(mi)}}{R_x}p_{mx} \tag{5-47}$$

于是:

$$p_{ix} = \eta_{p(iz)}\cdot C_{ix}\cdot p_i + \eta^l_{p(ki)}\cdot C_{ix}\cdot p_{kz} + \eta^l_{p(ni)}\cdot C_{ix}\cdot p_{nz} - \eta^l_{p(ji)}\cdot C_{iz}\cdot p_{jx} - \eta^l_{p(mi)}\cdot C_{iz}\cdot p_{mz} \tag{5-48}$$

其中：

$$C_{ix} = \frac{R_x}{\eta_{p(ix)} R_z + \eta_{p(iz)} R_x}; C_{iz} = \frac{R_z}{\eta_{p(ix)} R_z + \eta_{p(iz)} R_x} \tag{5-49}$$

从式(5-49)中，可以得出以下三点结论：

(1) i 节点 x 方向梁上分荷载 p_{ix} 由以下五项组成：

第一项为初始分荷载，即由本节点荷载产生的分荷载：

$$x\text{ 方向梁}: p'_{ix} = \eta_{p(iz)} \cdot C_{ix} \cdot p_i \tag{5-50}$$

$$z\text{ 方向梁}: p'_{iz} = \eta_{p(ix)} \cdot C_{iz} \cdot p_i \tag{5-51}$$

第二、三项为交叉梁节点荷载传递的荷载值：

$$\Delta p_{kjx} = \eta^l_{p(iz)} \cdot C_{ix} \cdot p_{kz} \tag{5-52}$$

$$\Delta p_{nix} = \eta^l_{p(ni)} \cdot C_{ix} \cdot p_{nz} \tag{5-53}$$

第四、五项为本梁相邻节点荷载传递的荷载值：

$$\Delta p_{jix} = -\eta^l_{p(ji)} \cdot C_{iz} \cdot p_{jx} \tag{5-54}$$

$$\Delta p_{mix} = -\eta^l_{p(mi)} \cdot C_{iz} \cdot p_{mx} \tag{5-55}$$

所以 i 节点 x 方向梁上分荷载等于初始荷载与相邻节点传递荷载的代数和：

$$p_{ix} = p'_{ix} + \sum \Delta p \tag{5-56}$$

(2)式中 η_p、η^l_p 均为系数；R_x、R_z、p_i 均为已知值；而相邻节点 i、j、m、n 的分荷载值 p_{jx}、p_{mx}、p_{nz}、p_{kz} 未知。

(3)式(5-48)中第一项，即 i 节点上 x 方向梁上的初始分荷载可根据式(5-50)计算，也可根据相邻节点上的荷载计算出相邻节点处的初始荷载分值。

3)具体计算步骤

(1)按照式(5-50)、式(5-51)计算各节点纵、横方向上的分荷载。

(2)考虑相邻节点荷载的影响，先定出本梁(横梁或纵梁)和交叉梁(纵梁或横梁)。将节点已算出的第一次分荷载 p'_{ix}、p'_{iz}…代入式(5-52)～式(5-55)，则可得相邻节点的第一传递荷载：Δp_{jix}、Δp_{mix}。

$$p'''_{ix} = \sum \Delta P = \Delta P_{kix} + \Delta P_{jix} + \cdots \tag{5-57}$$

$$p'''_{iz} = -\sum \Delta P = -(\Delta P_{kix} + \Delta P_{jix} + \cdots) \tag{5-58}$$

各节点的第二次分荷载即等于各相邻节点的第一次荷载的代数和。

(3)根据各点计算得出的第二次分荷载,再按照式(5-52)~式(5-55)计算出各相邻节点的第二次传递荷载 $\Delta p'_{kix}$、$\Delta p'_{jix}\cdots$。各节点的第三次分荷载即等于各相邻节点的第二次传递荷载的代数和。

$$p'''_{ix} = \sum p' = p'_{kix} + p'_{jix} + \cdots \tag{5-59}$$

$$p'''_{ix} = -\sum p' = -(p'_{kix} + p'_{jix} + \cdots) \tag{5-60}$$

(4)以此类推,传递荷载将越来越小,直到新的计算已足够小,可忽略不计为止。最后分荷载的数值等于几次分荷载的累加值。

$$p_{ix} = p'_{ix} + p''_{ix} + p_{ix}''' + \cdots \tag{5-61}$$

$$p_{iz} = p'_{iz} + p''_{iz} + p_{iz}''' + \cdots \tag{5-62}$$

(5)本法考虑相邻节点影响的范围,可限于所计算的节点周围 $2S$ 距离内的相邻节点,以外的节点影响较小,可不参与传递。

5.6.2 荷载一次传递法

此法仅考虑各节点本身荷载在纵、横两个方向上的一次分配,而不考虑相邻荷载的传递影响,这是前述荷载多次传递法的一种近似解法。当节点间距 d 较大,如 $d>2S$(S 为弹性地基梁的弹性特征长度),且各节点荷载相差又不大时,采用这种近似计算为宜。

此时,计算各节点分荷载的公式可简化为:

$$p_{ix} = K_{ix} \cdot p_i = \frac{\eta_{\mathrm{p}(iz)} \cdot R_x}{\eta_{\mathrm{p}(iz)} \cdot R_x + \eta_{\mathrm{p}(ix)} \cdot R_z} \cdot p_i = \eta_{\mathrm{p}(iz)} \cdot C_{ix} \cdot p_i \tag{5-63}$$

$$p_{iz} = K_{iz} \cdot p_i = \frac{\eta_{\mathrm{p}(ix)} \cdot R_z}{\eta_{\mathrm{p}(ix)} \cdot R_z + \eta_{\mathrm{p}(iz)} \cdot R_x} \cdot p_i = \eta_{\mathrm{p}(ix)} \cdot C_{iz} \cdot p_i \tag{5-64}$$

式中:K_{ix}、K_{iz}——i 节点荷载分配给 x 与 z 方向梁的比例系数。

5.6.3 节点形状分配系数法

1)计算原理

实际计算过程中,弹性地基格形梁往往属于长梁范围,节点形状分配系数法是在“荷载一次分配法”的近似计算假定基础上,再按长梁计算进行简化,得出节点两个方向的分配系数,故在计算时应根据各种“节点平面形状”按其有关系数对节点处荷载进行两个方向的分配。当荷载分为两个方向的分荷载后，再把格形梁分成纵、横向承受相应分荷载的单独条形地基梁进行计算。

各种节点形状分配系数可按“一次分配法”中的公式计算。以图 5-8 所示节点为例进行说明。

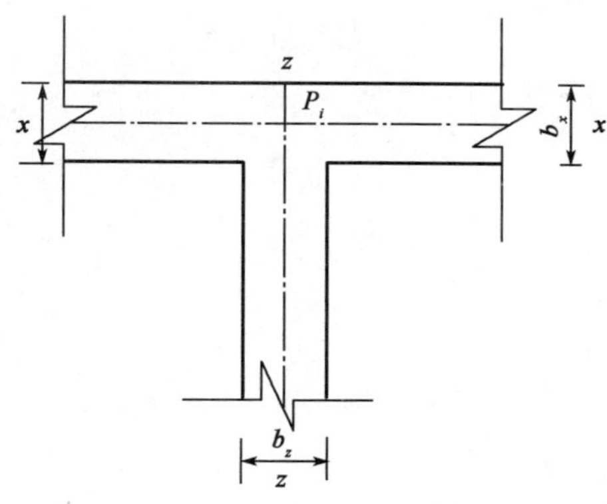

图 5-8　中间节点示意图

查影响线中长梁曲线，当 $a=0.6S$，即 $\varphi_z=0.6$ 时，$\eta_{piz}=0.715$，对一般中间段，近似取 $\eta_{piz}=0.5$，带入式(5-63)、式(5-64)得：

$$P_{ix}=\frac{0.715R_x}{0.715R_x+0.5R_z}P_i=\frac{0.715b_xS_xk_x}{0.715b_xS_xk_x+0.5b_zS_zk_z}P_i$$

$$=\frac{1.43b_xS_x}{1.43b_xS_x+b_zS_z}P_i \tag{5-65}$$

$$P_{iz}=\frac{b_zS_z}{1.43b_zS_z+b_xS_x}P_i \tag{5-66}$$

以转角点(3)为例：

$a_x=0.6S(\varphi_z=0.6)$时

$$\eta_{piz}=0.715 \tag{5-67}$$

$a_z=0(\varphi_z=0)$时

$$\eta_{piz}=2$$

$$P_{ix}=\frac{2b_xS_x}{2b_xS_x+0.715b_zS_z}P_i=\frac{b_xS_x}{2.8b_xS_x+b_zS_z}P_i \tag{5-68}$$

$$P_{iz}=\frac{b_zS_z}{2.8b_zS_z+b_xS_x}P_i \tag{5-69}$$

其他各种节点形状分配系数,均可按照以上方法求出。

2)各种节点形状分配系数

(1)中间节点

$$P_{ix}=\frac{b_xS_x}{b_xS_x+b_zS_z}P_i \tag{5-70}$$

$$P_{iz}=\frac{b_zS_z}{b_xS_x+b_zS_z}P_i \tag{5-71}$$

(2)端部节点

情况1(图5-9):

$$P_{ix}=\frac{4b_xS_x}{4b_xS_x+b_zS_z}P_i \tag{5-72}$$

$$P_{iz}=\frac{4b_zS_z}{4b_xS_x+b_zS_z}P_i \tag{5-73}$$

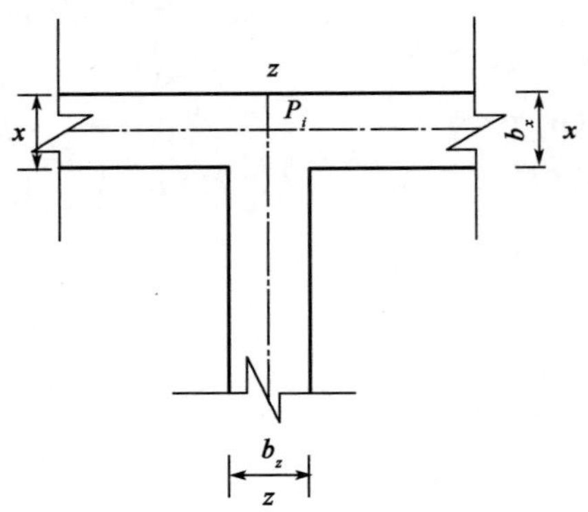

图5-9 端部节点(1)示意图

情况2:

端部节点处有集中力作用时,该点的地基反力将急剧增大,为使得该处地基反力尖峰缓减,一般采用伸出悬臂方法解决,如图5-10所示,伸出长度一般取$a=(0.6\sim0.75)S$。相应的荷载分配计算公式为:

①对于边节点情况。

伸出悬臂的长度一般取:$a=(0.6-0.75)S$。如当$a=0.6S$时:

$$P_{ix}=\frac{1.43b_xS_x}{1.43b_xS_x+b_yS_y}P_i \tag{5-74}$$

$$P_{iy}=\frac{b_yS_y}{1.43b_xS_x+b_yS_y}P_i \tag{5-75}$$

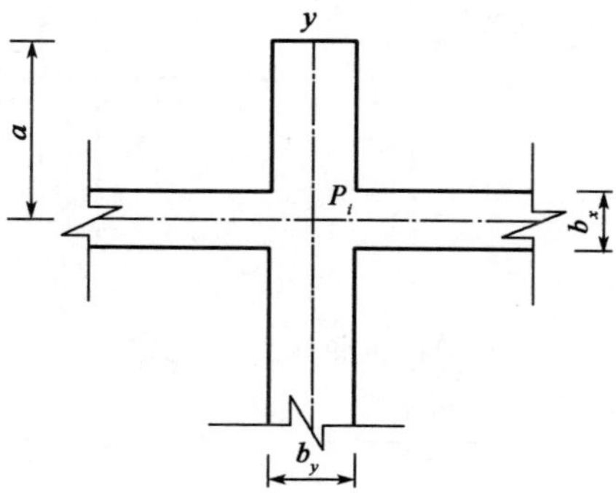

图 5-10 典型框架边节点、角节点伸出悬臂示意图

②对于一般情况。

$$P_{ix}=\frac{K_ab_xS_x}{K_ab_xS_x+b_yS_y}P_i \tag{5-76}$$

$$P_{iy}=\frac{b_yS_y}{K_ab_xS_x+b_yS_y}P_i \tag{5-77}$$

不同的伸出长度 a 对应不同的 K_a 值,见表 5-1。

K_a 值 表 表 5-1

a/S	0.60	0.61	0.62	0.63	0.64	0.65	0.66	0.67	0.68	0.69	0.70	0.71	0.72	0.73	0.74	0.75
K_a	1.43	1.42	1.41	1.39	1.38	1.36	1.35	1.34	1.32	1.31	1.30	1.29	1.27	1.26	1.25	1.24

(3)转角节点

情况 1:图 5-11 所示角节点。

$$P_{ix}=\frac{b_xS_x}{b_xS_x+b_yS_y}P_i \tag{5-78}$$

$$P_{iy}=\frac{b_yS_y}{b_xS_x+b_yS_y}P_i \tag{5-79}$$

情况 2:图 5-12 所示角节点。

计算方法同上,进行叠加即可。如当 $a_x=0.6S_x$,$a_y=0.60S_y$ 时:

$$P_{ix}=\frac{1.43b_xS_x}{1.43b_xS_x+1.43b_yS_y}P_i=\frac{b_xS_x}{b_xS_x+b_yS_y}P_i \tag{5-80}$$

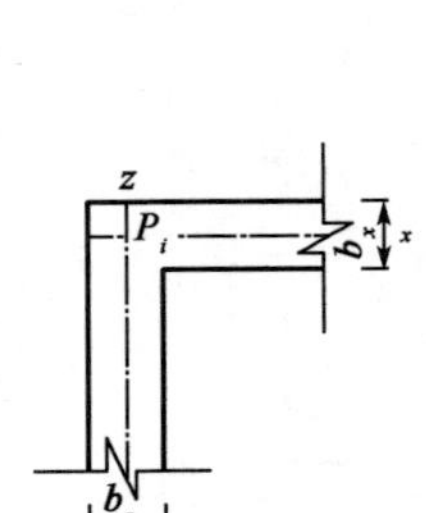

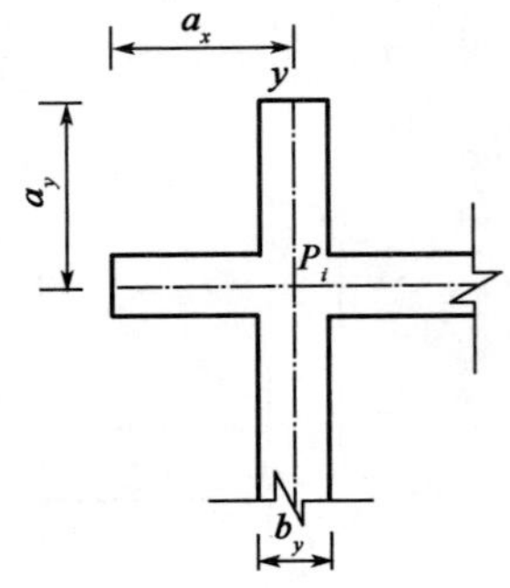

图 5-11　转角节点(1)示意图

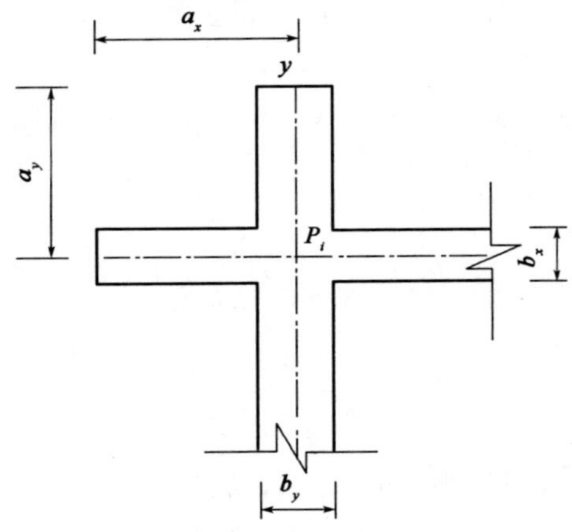

图 5-12　转角节点(2)示意图

$$P_{iy} = \frac{1.43 b_y S_y}{1.43 b_x S_x + 1.43 b_y S_y} P_i = \frac{b_y S_y}{b_x S_x + b_y S_y} P \tag{5-81}$$

情况 3：图 5-13 所示角节点。

某些特殊情况，一个方向伸出悬臂受到限制，只能在另一个方向伸出悬臂，如 x 方向。则可按照如下公式计算：

当 $a_x = 0.6 S_x$ 时

$$P_{ix} = \frac{2.8 b_x S_x}{2.8 b_x S_x + b_y S_y} P_i \tag{5-82}$$

$$P_{iy} = \frac{b_y S_y}{2.8 b_x S_x + b_y S_y} P_i \tag{5-83}$$

当 $a_x = 0.75 S_x$ 时

$$P_{ix} = \frac{3.23 b_x S_x}{3.23 b_x S_x + b_y S_y} P_i \tag{5-84}$$

$$P_{iy}=\frac{b_yS_y}{3.23b_xS_x+b_yS_y}P_i \tag{5-85}$$

若 a 为$(0.6\sim0.7)S$ 的中间值,则:

$$P_{ix}=\frac{K'_{\mathrm{a}}b_xS_x}{K'_{\mathrm{a}}b_xS_x+b_yS_y}P_i \tag{5-86}$$

$$P_{iy}=\frac{b_yS_y}{K'_{\mathrm{a}}b_xS_x+b_yS_y}P_i \tag{5-87}$$

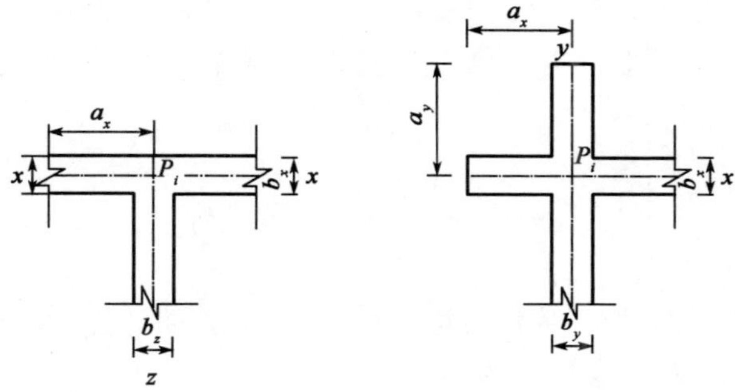

图 5-13 转角节点(3)示意图

不同伸出长度 a 对应不同的 K'_{a} 值,按照表 5-2 选取。

K'_{a} 值 表 表 5-2

a/S	0.60	0.61	0.62	0.63	0.64	0.65	0.66	0.67	0.68	0.69	0.70	0.71	0.72	0.73	0.74	0.75
K'_{a}	2.80	2.81	2.84	2.87	2.91	2.94	2.97	3.00	3.03	3.05	3.08	3.10	3.14	3.18	3.20	3.23

5.6.4 弹性地基梁计算

当弹性地基梁上同时作用有多个集中荷载时,梁上各指定截面上的转角、弯矩、剪力和地基反力可按下式计算:

$$\begin{cases}\theta(\varphi)=\sum\limits_{i=1}^{n}\dfrac{P_i}{bkS^2}\eta_{\theta i}\\ M(\varphi)=\sum\limits_{i=1}^{n}P_iS\eta_{\mathrm{m}i}\\ Q(\varphi)=\sum\limits_{i=1}^{n}P_i\eta_{\mathrm{q}i}\\ p(\varphi)=\sum\limits_{i=1}^{n}\dfrac{P_i}{bS}\eta_{\mathrm{p}i}\end{cases} \tag{5-88}$$

式中：$\eta_{\theta i}$、η_{mi}、η_{qi}、η_{pi}——单位集中荷载作用在地基梁上时，各给定截面上转角、弯矩、剪力、土反力的影响线在荷载作用点下的纵坐标；

P_i——作用在地基梁上的各集中荷载；

b——梁的宽度；

k——地基基床系数；

S——地基梁的弹性特征长度。

因此，只要根据荷载多次传递法或荷载一次传递法确定了各梁的集中荷载，就可以按照上述公式计算各处弹性地基梁的土反力、弯矩、剪力以及转角等值。

5.7 工 程 算 例

根据结构对称性，取一片框架梁进行分析，为方便计算，此处采用节点形状分配系数法考虑。计算模型见图5-14。

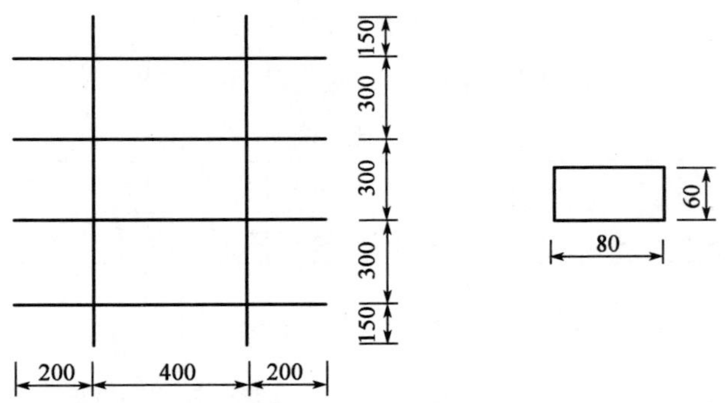

图5-14　框架式护面墙计算模型(尺寸单位:cm)

岩石高边坡工程工点采用两级预应力锚索地基梁加固。每片地梁上有三根预应力锚索。地基梁长度12m，为钢筋混凝土方形结构，边长为0.6m，预应力张力均为500kN。地基梁弹性模量 $E=2.0\times10^4$MPa，抗弯刚度 $EI=2.16\times10^5$ kN·m^2。将预应力锚索地梁进行分解和离散化处理，将地梁和地基离散成12段，每段长度均为1.0m(图5-15)。地基土的相应模型参数见表5-3。

根据以上计算参数，按照本书预应力锚索地梁共同作用理论对该预应力锚索地梁在张拉阶段时的土压力分布进行计算分析，计算结果与文献采用Winker地基模型的计算结果(图5-16)基本一致。

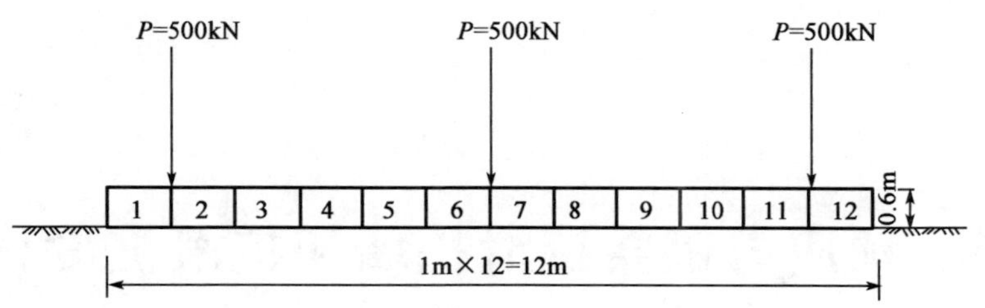

图 5-15 预应力锚索体系的离散化处理计算简图

地基土 Duncen-Chang 本构模型参数 表 5-3

土层参数	γ (kN/m^3)	c (kPa)	φ (°)	K	n	R_f	G	D	F
取值	20	0	35	10000	0.30	0.70	0.32	12	0.14

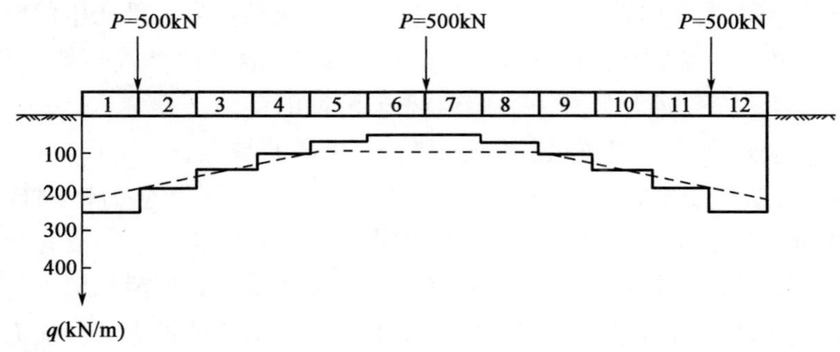

图 5-16 预应力锚索地梁土压力计算结果

------按 Winker 地基模型计算的地基梁土反力分布曲线；———-按本文锚索地梁共同作用理论计算的地基梁土反力分布

6 预应力锚索抗滑挡墙和抗滑桩设计

6.1 预应力锚索抗滑挡墙的结构特点及设计

在以抗滑桩为代表的轻型抗滑支挡结构出现以前,重力式抗滑挡墙曾经是整治滑坡的主要抗滑结构。重力式抗滑挡墙因具有就地取材,造价低,施工简单等特点而备受重视。但普通重力式抗滑挡墙主要依靠自身重量产生的摩擦阻力来抵抗滑坡推力,因而挡墙的截面尺寸必须足够大,故抗滑挡墙一般工程量大,施工开挖量大,抗滑能力弱,只能用于中小型滑坡的整治。

为了改变普通重力式抗滑挡墙适用范围狭窄的缺点,提出了“预应力锚索抗滑挡墙”方法用于整治滑坡,这种组合结构充分发挥了预应力锚固技术和普通重力式抗滑挡土墙这两种抗滑结构的优点,以最佳的组合达到最有效地整治滑坡的目的。预应力锚索抗滑挡墙通过施加在普通重力式抗滑挡墙上的垂直向预应力荷载和挡墙自身重力所产生的摩擦阻力来平衡滑坡推力。预应力荷载既能提高重力式挡墙的抗滑和抗倾覆能力,又能提高挡墙墙体的抗剪强度,可大大减小抗滑挡墙的截面尺寸和基础埋深,减少墙体工程量及基础开挖方量,从而降低整治滑坡的工程造价,并拓宽其适用范围。

6.1.1 预应力锚索抗滑挡墙结构特点

预应力锚索抗滑挡墙是由预应力锚索和普通重力式抗滑挡墙组合而成的新型抗滑结构形式,其构造图见图 6-1。预应力锚索抗滑挡墙通过施加在挡墙上的强大预应力荷载提供的摩擦阻力来平衡作用在挡墙上的滑坡推力,并能提供较大的抗倾覆力矩,防止抗滑挡墙发生倾倒破坏。同时,预应力锚索的存在,可以提高抗滑挡墙自身的抗剪强度,防止抗滑挡墙发生剪切破坏。

预应力锚索抗滑挡墙不再仅仅依靠自身的重力产生的摩擦阻力来平衡滑坡推力,因此其截面尺寸不必设计太大,基础埋设深度也可以减小。为了保证抗滑挡墙基础的稳定,尤其当施加在抗滑挡墙上的预应力荷载较大时,其对挡墙基础的承载力要求较高。当地基承载力不能满足设计要求时,应进行地基处理(比如:扩大挡墙基础底面积、加深基础埋置深度、复合地基等)使其满足要求。

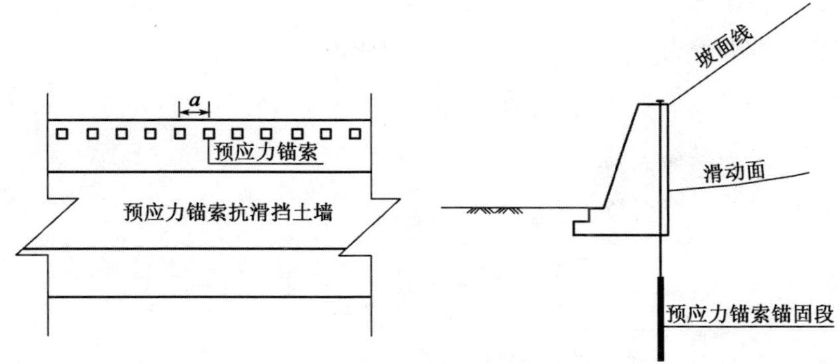

图 6-1 预应力锚索抗滑挡墙结构图

预应力锚索锚固段应锚固在滑坡体下的稳定岩土层内,锚固长度应根据所需的预应力荷载及锚固段周围岩土体特性综合确定。

6.1.2 预应力锚索抗滑挡墙设计

预应力锚索抗滑挡墙在滑坡推力荷载或土压力荷载作用下,应满足抗滑、抗倾覆、抗剪以及地基稳定等方面的要求。图 6-2 所示为典型预应力锚索挡墙结构。作用在单位长度抗滑挡墙上的荷载有:滑坡推力 E、墙体自身重力 G、预应力荷载 N 和基底摩擦阻力 F。

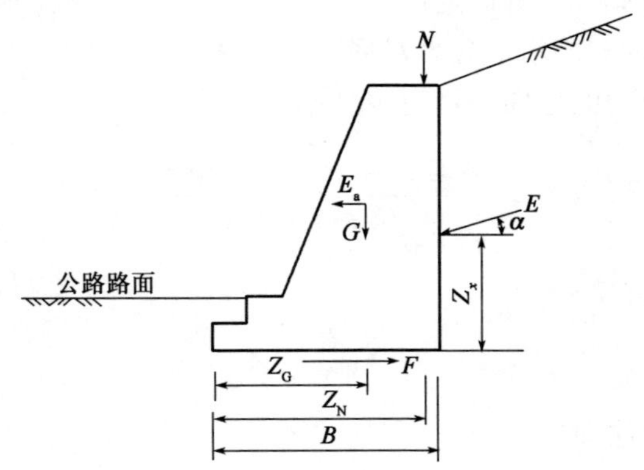

图 6-2 预应力锚索抗滑挡土墙计算简图

1)抗滑稳定性

作用在挡墙上的水平推力为:

$$\sum T = E\cos\alpha + E_a \tag{6-1}$$

式中：α——滑坡推力作用线与水平线的夹角；

E_a——地震惯性力。

基底摩擦阻力为：

$$\sum N = F = (E\sin\alpha + G + N)\mu \tag{6-2}$$

式中：μ——基底摩擦系数。

抗滑稳定性安全系数为：

$$K_c = \frac{\sum N}{\sum T} = \frac{(E\sin\alpha + G + N)\mu + [F]}{E\cos\alpha + E_a} \tag{6-3}$$

式中：$[F]$——预应力锚索的抗剪断强度；

K_c——预应力锚索抗滑挡墙的抗滑稳定系数，一般要求 K_c 大于1.3。

2）抗倾覆稳定性

抗倾覆稳定系数为：

$$K_0 = \frac{GZ_G + NZ_N + E\sin\alpha B}{(E\cos\alpha + E_a)Z_x} \tag{6-4}$$

式中：K_0——预应力锚索抗滑挡墙的抗倾覆稳定系数，一般要求大于1.6；

Z_G——墙体重力对墙趾的力臂；

Z_N——预应力荷载对墙趾的力臂；

B——抗滑挡墙的基础宽度；

Z_x——滑坡推力的水平分量对墙趾的力臂。

作用在基底合力的法向分量对墙趾的力臂：

$$Z = \frac{GZ_G + NZ_N + E\sin\alpha B}{G + N + E\sin\alpha} \tag{6-5}$$

合力偏心矩为：

$$e = \frac{B}{2} - Z \tag{6-6}$$

作用在基底的法向应力为：

$$\left.\begin{matrix}\sigma_1 \\ \sigma_3\end{matrix}\right\} = \frac{G + N + E \cdot \sin\alpha}{B}\left(1 \pm \frac{6e}{B}\right) \tag{6-7}$$

当偏心距 $e \geqslant B/6$ 时，作用在基底的最大应力为：

$$\sigma_{\max} = \frac{2(G + N + E\sin\alpha)}{3Z_N} \tag{6-8}$$

因此,在偏心荷载作用下,预应力锚索抗滑挡墙基础底面的压力应符合以下两式的要求:

$$\sigma \leqslant f_a \tag{6-9}$$

$$\sigma_{max} \leqslant 1.2f_a \tag{6-10}$$

式中:σ——基底平均压应力;

σ_{max}——基底最大压应力;

f_a——地基承载力特征值。

3)墙体抗剪验算

抗剪断安全系数为:

$$K = \frac{E\cos\alpha}{f_c \cdot A_c + f_h \cdot A_h + f_g \cdot A_g} \tag{6-11}$$

式中: K——预应力锚索抗滑挡墙墙体的抗剪安全系数,一般要求大于1.5;

f_c、f_h、f_g——墙体抗剪断强度、锚索孔灌浆材料抗剪强度和钢绞线抗剪断强度;

A_c、A_h、A_g——滑坡推力作用点挡墙净截面积、锚孔浆材截面积和钢绞线截面积。

6.2 预应力锚索抗滑桩的结构特点及设计

抗滑桩也称被动桩,是一种主要用于在边坡、滑坡工程治理中的常见工程结构,其作用主要是承受水平荷载。抗滑桩借助于嵌入稳定岩层中的锚固作用平衡滑坡推力,使滑坡体稳定。工程实践表明,抗滑桩用于处理正在滑动的滑坡效果较为显著。

预应力锚索抗滑桩是由预应力锚索与抗滑桩组合而成的支挡结构,相对普通的抗滑桩而言在受力状态上有很多优点。预应力锚索抗滑桩是在桩顶增加锚索拉力约束,从而改善了悬臂桩的受力状态,可有效减小桩截面尺寸及桩置于稳定地层中的锚固长度。此种结构通过预应力锚索与抗滑桩共同承受滑坡推力,两者有机结合,发挥各自的长处,能更有效地加固坡体,保证边坡的稳定。

6.2.1 预应力锚索抗滑桩结构特点

预应力锚索抗滑桩的结构示意图见图6-3,其通过在普通抗滑桩的桩顶或桩身一定位置设置一排或多排预应力锚索,借助于锚索提供的锚固力和抗滑桩提供的阻滑力共同阻挡滑坡的下滑。

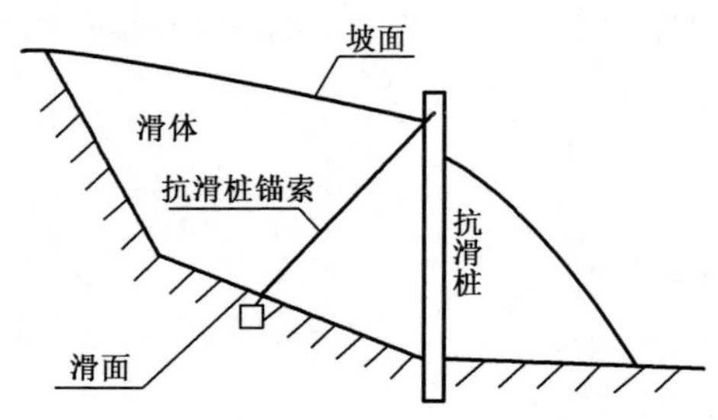

图 6-3　预应力锚索抗滑桩结构示意图

预应力锚索抗滑桩与传统的抗滑桩相比具有以下优点:

(1)改变了传统抗滑桩被动的受力状态,可大幅度减小桩身内力,降低桩的横截面积和埋置深度,节省了原材料,降低了造价,经济效益十分显著。

(2)改变了受力机制。传统的抗滑桩为被动结构,仅当滑体发生位移时,桩身才会产生抵抗力阻止滑坡体的进一步滑动;预应力锚索抗滑桩则为主动受力结构,预先通过锚索给滑体施加一个预应力,使抗滑结构具有足够的安全储备,提高滑体的稳定性。

6.2.2　预应力锚索抗滑桩设计

锚索预应力是在滑坡推力出现最大值之前施加的,锚索预应力抵消了现有滑坡推力后,继续使中间地带的岩土体受到挤压,当滑坡推力出现最大值时,锚索和抗滑桩仅产生微小弹性变形,受力简图如图 6-4 所示。

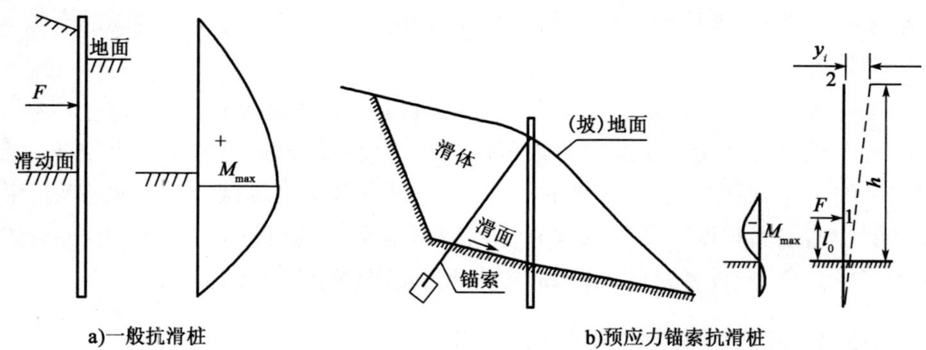

图 6-4　预应力锚索抗滑桩受力情况示意图

预应力锚索抗滑桩的变形条件为:桩顶锚索不妨碍桩顶的转动,只限制它的水平位移;地基视为弹性地基;抗滑桩受力类似简支梁,按弹性桩考虑。

1)滑坡推力计算

根据滑面形态,采用剩余推力法计算滑坡推力:

$$F_i = F_s W_i \sin\alpha_i + K_g F_{i-1} - W_i \cos\alpha_i \tan\varphi_i - c_i l_i \tag{6-12}$$

式中:F_i、F_{i-1}——第 i、$i-1$ 条块岩土体单位宽度上的剩余下滑力;

W_i、l_i、α_i——第 i 条块的重力、宽度和其所在滑面的倾角;

c_i、φ_i——第 i 条块底面的黏聚力、内摩擦角;

K_g——传递系数,$K_g = \cos(\alpha_{i-1} - \alpha_i) - \sin(\alpha_{i-1} - \alpha_i)\tan\varphi_i$;

F_s——滑坡推力安全系数。

2)桩体计算

根据作用在每根桩上的滑坡推力 F_T、桩前滑面上岩土抗力 F_P 计算出滑面处剪力 Q_0,再确定锚索设计拉力 F_i。

$$Q_0 = F_T - F_t - F_P \tag{6-13}$$

$$M_0 = F_T \times \frac{h_1}{2} - F_t h_1 - F_P \times \frac{h_2}{3} \tag{6-14}$$

式中:Q_0——滑面处剪力、弯矩;

F_t——预应力锚索的锚固力,一般取$(1/2 \sim 4/7)Q_0$;

h_1、h_2——滑面上、下的岩土厚度;

M_0——滑面处弯矩。

3)计算桩身内力

滑面以上桩身内力按一般静力学法计算,滑面以下桩身内力按无量纲法计算。

4)配筋计算

按一般抗滑桩配筋方法计算。

5)锚索承载力计算

$$P_t = nS[\sigma] \tag{6-15}$$

式中:n——钢绞线根数;

S——每根钢绞线折算面积;

$[\sigma]$——钢绞线设计强度。

6)砂浆与锚索之间握裹力计算

$$P_2 = \pi d_1 L_{效} \tau_2 \tag{6-16}$$

式中：d_1、$L_{效}$——锚索换算直径、有效锚固长度；

τ_2——钢绞线与砂浆间抗剪强度，$\tau_2 = kR$；

R——砂浆极限抗压强度；

k——系数，当锚索由钢绞线组成时可取0.5～0.55。

7）砂浆与孔壁岩土间的摩阻力

$$P_3 = \pi d_2 L_{效} \tau_3 \tag{6-17}$$

式中：d_2——孔径；

τ_3——砂浆与孔壁之间的平均摩阻力。

8）锚固段岩体的稳定计算

$$P_4 = \pi S^2 h\gamma \frac{K_2}{3} + \pi Sch \frac{K_2}{\cos 45^\circ} \tag{6-18}$$

式中：S——扩散角上边同滑面的交汇点至锚索中心的垂直距离；

h——倒圆锥体的高度；

γ——岩土的重度；

c——岩土的黏聚力；

K_2——系数，取0.4～0.7。

锚固段岩体的稳定性一般不起控制作用。设计时必须满足 F 同时小于 P_1、P_2、P_3、P_4，且 P_3 控制锚固深度及最大张拉荷载控制吨位。此外，还必须满足 $P_i/F \geqslant 1.2(i=1,2,3,4)$。

6.3 工 程 示 范

中尼公路改建工程因拟建公路而开挖人工高切边坡，边坡最大高度30m，长约60m，最大坡度60°，未作任何支护工作，现部分已产生崩塌破坏，堆积在拟建公路上。

工程地质钻探结果表明：场地地层主要为第四系松散堆积层（Q）和燕山期中酸性岩浆岩，第四系松散堆积物以角砾、碎石夹土、块石夹土、卵石夹土等块石土为主，岩浆岩主要为花岗岩。

1）第四系漂石土（Q）

褐灰色，主要由花岗岩风化碎块石、弧石及黏性土组成。硬质物粒径200～800mm，最大粒径达3m，含量占总质量的50%～60%，分布不均，结构松散，稍湿状。该层分布于整个场地。钻探揭露最大厚度11.62～28.23m。

2)燕山期中酸性岩层(γ_5^3)

花岗岩:灰色,由石英、斜长石、角闪石、辉石及黑云母等矿物组成,中粒结构,整体块状结构,强风化花岗岩岩芯破碎,质软,强度低,层厚0.24～0.70m;弱风化花岗岩由石英、斜长石、角闪石、辉石及云母等矿物组成,中粒结构,整体块状结构,质地坚硬,完整性较好,强度高,竖向裂隙发育。根据国家地震局编制的《中国地震动峰值加速区划图 A1》及《中国地震动反应谱特征周期区划图 B1》划分,设计基本地震加速度值为0.15g,设计地震分组为第二组,勘察区段地震设防烈度为8度。

场地水文地质条件:

(1)地表水:勘察区地表水系主要为雅鲁藏布江水,据区域资料可知其干流曲折,水量充沛,支流错综,大部分支流为季节性间断河流,多为暴雨时流量大,流速急,暴雨后一段时间,水流逐步变缓而致断流。

(2)地下水:沿线地下水主要为碎石土中的孔隙型潜水及基岩风化裂隙水。

本书考虑两种方案进行比选,即抗滑桩支护方案和预应力锚索抗滑挡墙方案。

6.3.1 抗滑桩方案

沿公路线布置10根抗滑桩,桩截面尺寸为2.0m×3.0m,桩与桩中心距6.0m,平均桩长为22.0m,其中锚固段10m。抗滑桩为C25钢筋混凝土人工挖孔灌注桩,锚固段部分采用C20钢筋混凝土护壁,护壁厚度20cm,抗滑桩桩间部分采用喷锚支护,面层铺设ϕ8@200mm×200mm钢筋网并喷射12cm厚C20混凝土。在此条件下,边坡的抗滑安全系数为1.5,抗倾覆安全系数为2.0,相应的工程量及投资见表6-1(以西藏地区单价计算)。

抗滑桩支护工程量清单 表6-1

细目编号	项 目 名 称	单位	数量	单价	金额(元)	备注
701	抗滑桩					
701-1	C25 混凝土	m^3	1320	890.25	1175130	
701-2	钢筋	t	81.0	7454.37	603804	
701-3	挖方量	m^3	100	100	10000	
701-4	C20 护壁混凝土	m^3	259.2	1200	311040	
701-5	C20 喷射混凝土	m^3	57.6	2206.6	127100	
701-6	渗水土工布	m^2	4.8	26.81	128.6	

续上表

细目编号	项 目 名 称	单位	数量	单价	金额(元)	备注
701-7	ϕ100 锚杆钻孔	m	350	83.25	29137.5	
701-8	50PVC 管	m	15	28.08	421.2	
	M30 水泥砂浆	m^3	2.5	923.72	2309.3	
合计					2259070.7	

6.3.2 预应力锚索抗滑挡墙方案

挡土墙采用 M10 浆砌片石砌筑，墙高 10.0m，其中基础埋深 2.0m(图 6-5)，总长 60m。预应力锚索间距 1.0m，每束锚索设计为 7 根 ϕ_j15 钢绞线，锚固段长度(进入中风化基岩内)10m，总长度 25m，锚索孔径 130mm，灌注 M30 水泥砂浆，设计荷载 900kN。在此条件下，按照本书提出的计算方法，得到预应力锚索抗滑挡土墙各安全系数分别为：抗滑安全系数 $K_c \geq 1.4$、抗倾覆安全系数 $K_0 \geq 1.8$、抗剪断安全系数 $K \geq 2.0$，且地基承载力满足设计要求。相应的工程量及投资见表 6-2(以西藏地区单价计算)。

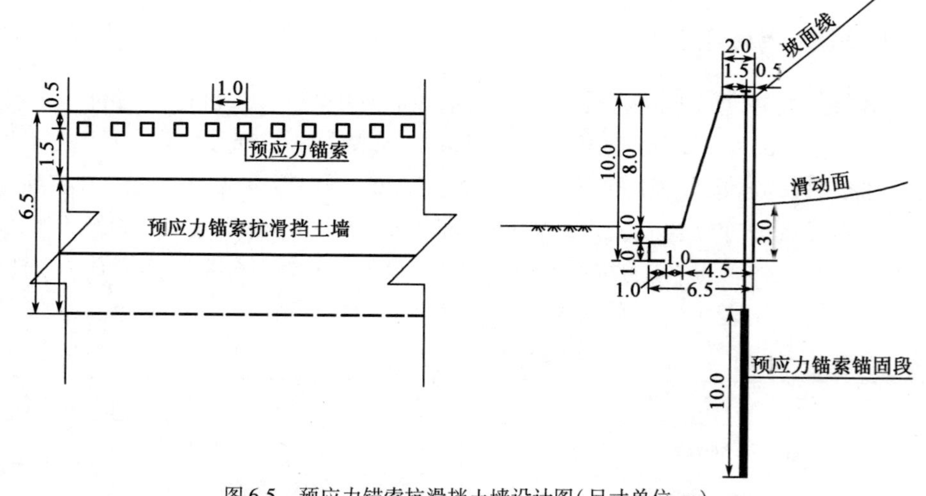

图 6-5 预应力锚索抗滑挡土墙设计图(尺寸单位：m)

预应力锚索抗滑挡土墙工程量清单 表 6-2

细目编号	项 目 名 称	单位	数量	单价	金额(元)	备注
701	预应力锚索					
701-1	M30 水泥砂浆	m^3	24	923.72	22169.3	
701-2	PVC 预埋管	m	60	30.0	1800	

续上表

细目编号	项 目 名 称	单位	数量	单价	金额(元)	备注
701-3	锚索	m	1800	153.03	275454	
701-4	130mm 锚索钻孔	m	1380	221.09	305104	
702	浆砌片石抗滑挡土墙					
702-1	M10 浆砌片石	m^3	2400	273.67	656808	
702-2	挖方量	m^3	1000	100	100000	
702-3	渗水土工布	m^2	2.6	26.81	69.706	
702-4	50PVC 管	m	12	28.08	336.96	
合计					1377942	

通过比较分析可以看出:与普通抗滑桩相比,选用预应力锚索抗滑挡土墙进行滑坡整治在治理效果和经济上更有优势。

第三篇

维 护 篇

边坡锚固结构已成为整治滑坡、高边坡的常用结构形式。埋设在地下特殊环境条件下的锚固结构，随着服役年限的增加，其在内部的或外部的、人为的或自然的、物理的或化学的因素作用下，可能会发生材料老化与抗滑结构性能损伤的不可逆变化，这种损伤的长期累积必然导致抗滑结构性能的劣化，表现为抗滑力下降，耐久性降低。对于边坡工程来说，支护结构的长期损伤及抗滑能力的降低或丧失，可能导致大量的滑坡复活、边坡发生变形破坏，将会造成严重的灾难和经济损失。

本篇在西藏干线公路边坡锚固结构安全性能调研的基础上开展锚固结构耐久性研究，分析公路边坡锚固结构耐久性的影响因素，构建公路边坡锚固结构安全耐久性评价体系，并提出锚固结构预应力损失修复与安全性维护技术。

7　公路边坡锚固结构安全性现状调查

7.1　公路边坡锚固结构现状调查与分析

本章以西藏自治区范围内的干线公路边坡为例，进行了锚固结构上的现状调查与分析。调查范围为边坡锚固结构（主要是预应力锚索和锚杆）使用比较多的公路路段，主要针对G318线102滑坡段、G318线昌都至妥昌段、新建的岗江路段以及曲大线（曲水至大竹卡）进行了实地考察（图7-1）。

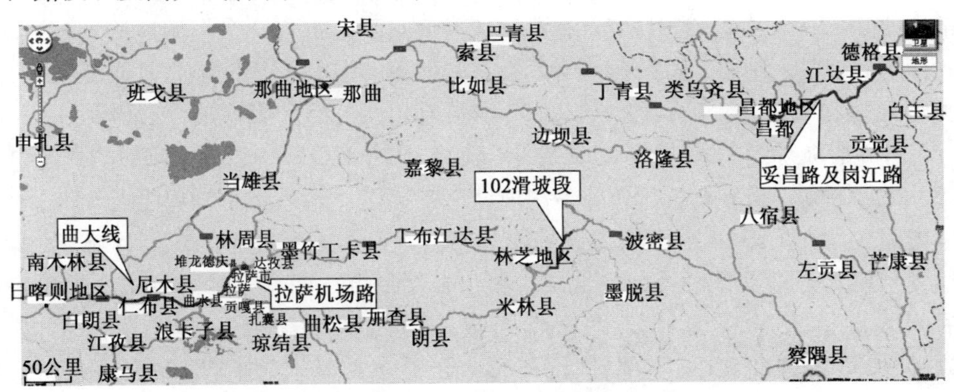

图7-1　西藏干线公路边坡锚固结构调查主要路段

现场调查的对象包括采用锚索、锚杆等锚固结构的边坡、滑坡整治工程，主要调查了边坡的基本资料（位置、里程桩号、经纬度、高程、高边坡规模、平均坡度、坡向）、边坡的总体稳定性现状、工程采用的锚固结构类型和数量、锚固结构完整性情况、锚固结构破损情况等。

野外调查行程数千公里，实地勘察了30多个锚固结构治理工程边坡点，有记录数据及照片资料的共27个。通过调研，对西藏干线公路边坡锚固结构现状有了较细致和深入的了解。调查统计显示，西藏干线公路边坡锚固结构主要有以下几种破坏形式：

（1）锚头封锚破坏。锚固结构损伤最多的情况是锚头封锚被泥石流、滚石等外力砸坏，但是锚固结构仍可以发挥作用。由于锚头封锚突出于边坡表面，容易受到外力作用而发生损坏，建议对损坏的封锚及时采取措施重新封闭，以免长期暴露引起锈蚀，导致锚索锚头损坏，锚索失效。

(2)框架梁悬空破坏。没有植被保护的条件下，锚索框格受到雨水冲刷和冻融循环作用而引起框架下覆土体侵蚀流失，从而造成框架梁悬空，锚索或锚杆等锚固结构失效。

(3)坡体局部变形滑动引起锚索失效。由于坡体局部发生滑动引起锚固结构失效。

7.2 川藏公路102滑坡段锚固结构现状调查

川藏公路102滑坡群位于西藏自治区波密县通麦乡东8.3~10.5km处，东距波密县城约82km，在帕隆藏布江的右(北)岸。由于它位于川藏公路第102养护道班处，故称102滑坡。滑坡海拔在2120~2500m之间，川藏公路从该滑坡的中下部海拔2182m左右处通过。102滑坡及其附近路段分布着许多类型地质灾害，包括泥石流、滑坡、滚石、崩塌、碎屑流、水毁灾害等，是川藏公路地质灾害最集中、类型最多和规模最大的路段，但以102滑坡对川藏公路的影响最大、最持久。

102滑坡外形呈不规则的长方形，前缘宽约420m，中部公路通过段宽约350m，后部宽300m，斜长550m，平均坡度30°~40°。滑坡体平均厚度约25m，滑坡方量约为$5\times10^6m^3$。滑坡位置出露的基岩为石炭~二叠系的花岗片麻岩，即通麦片麻岩。滑坡区的第四系地层主要由晚更新世冰期形成的一套冰碛层和其后间冰期形成的一套冲洪积物所组成。第四系冰碛物主要出露在海拔2120~2350m的陡坡中、下部，底部不整合于通麦片麻岩之上，总厚度约256m。第四系冲洪积物为一套间冰期形成的中粗砂角砾碎石土层，位于海拔2350~2500m，总厚度183m。其中，第四系冰碛物层结构紧密、半胶结，是滑坡的相对不透水层，冲洪积层结构松软、无胶结，是本区的主要透水层，也是发育滑坡的主要土层。另外，本区还发育有厚度不等的残积物、崩坡积物以及土壤层，这是泥石流发育的主要物质来源。

滑坡所处的巨厚层松散堆积体中发育有一系列小滑坡，102滑坡本身也被分解成几个滑坡，即102滑坡群。其防治工程主要从两个方面进行，一是通过适当减重卸载，并配以大量截排水工程减少地表水入渗，增加滑坡体稳定性；二是以锚索肋板挡墙、桩板墙等支挡工程稳固滑坡，保证公路路基和边坡的安全。102滑坡段路基上下边坡使用的大量的预应力锚索结构，据统计滑坡治理共采用768根锚索，绝大多数布置在滑坡中下部公路上下两侧。根据公路路基情况，锚索采用三种布置形式：高填方路段以锚索桩板墙、锚索肋板挡墙为路基支挡和滑坡加固结构；一般填方路段以锚索肋板挡墙处理路基下边坡并稳固滑坡；半挖半填路段以预应力锚索肋板挡墙分别稳固路基上、下边坡并加固滑坡。设计时要求锚索锚固段需穿过滑面深入稳定的冰碛层，锚索设计长度为25～50m，设计拉力为600kN，锚索孔径135mm，钻孔俯角15°。

现场调查显示，102滑坡整治工程中采用的预应力锚索结构运行情况较好，未发现锚索完全失效的案例。图7-2为102滑坡群4号和3号滑体处的预应力锚索肋板挡墙工程，其整体稳定性良好，没有发现锚固结构的破损。图7-3和图7-4为102滑坡群2号滑体位置的预应力锚固结构情况，可明显看出坡面泥石流对路面以及锚固结构造成了一些损坏。

a)

b)

图7-2 102滑坡群4号和3号滑体的预应力锚固结构

a)

b)

图7-3 102滑坡群2号滑体的预应力锚固结构

调查分析认为，102滑坡整治工程中预应力锚索结构对滑坡的整体稳定性起到了积极的作用，锚固结构运行情况良好。但是由于滑坡冲洪积层土体结构松散，在雨水冲刷作用下滑体中形成了一些冲沟，在雨季暴雨激发下发展成泥石流灾害，泥石流中的块石对锚索结构的突出部位，尤其是对锚索锚头封锚造成了冲击破坏，建议对破坏结构进行修复。

图 7-4　102 滑坡群 2 号滑体的预应力锚索锚头封锚破坏

7.3　川藏公路妥坝—昌都段锚固结构现状调查

川藏公路妥(坝)昌(都)段全长 110.9km,2000 年开始进行整治改建工程,工程初步预算 5.6 亿元,由于滑坡等地质灾害最终耗资约 8.2 亿元,工期延长近两年。妥昌线大小滑坡 30 多处,在滑坡及边坡整治工程中采用了大量的锚索、锚杆等锚固结构。

经过现场调查,妥昌线边坡、滑坡锚固工程工作状态良好,有效治理了滑坡灾害、保证了边坡的稳定,对线路安全运行发挥了很大的作用。图 7-5 为妥昌路 K1255 沿线的垫墩预应力锚索,调查显示经过几年的运行边坡没有出现任何变形迹象,可以看出锚索起到了明显的加固效果。调查中发现的少数锚索破损都是由滚石砸坏锚头封锚造成的,由于锚头封锚是整个结构中最为突出的部分,且封锚墩仅起混凝土封闭锚头的作用,小而脆,容易被砸坏。图 7-6 所示为锚头封锚墩被滚石砸坏的案例。

图 7-5　妥昌路 K1255 附近的垫墩预应力锚索

a)

b)

图 7-6 妥昌路预应力锚索锚头封锚墩被滚石砸坏

7.4 曲水—大竹卡段锚固结构现状调查

曲水—大竹卡段为国道 318 线中尼公路东段,2006 年完成全面整治改建,该段主要位于高原面,坡体侵蚀以常年的物理风化和季节性流水侵蚀为主,相对崩滑灾害较为缓和,部分地区采用了锚固结构进行治理以保证切坡稳定性。

曲大线边坡、滑坡锚固工程大多采用垫墩锚索、框架锚索等锚固结构。现场调查结果显示,目前锚固结构整体工作状态良好,经过几年的运行期,边坡没有发现任何变形迹象。可以看出,锚固结构在治理滑坡灾害、进行边坡防护方面发挥了很好的作用,有效保障了线路的稳定运行。调查发现的少数锚索框架所在坡面被淘蚀悬空,导致预应力失效,主要与西藏高原干旱气候和季节性集中降雨所导致的坡面流侵蚀有关。图 7-7 为贡嘎机场老路雅鲁藏布江畔距岗堆镇 2km 处滑坡点的框架锚索结构,图 7-8 为 G318 日喀则—拉孜—樟木镇段一处框架,已部分被淘蚀。

图 7-7 预应力框架锚索

图 7-8 预应力框架被部分淘蚀悬空

综合调查情况发现,由于西藏的锚固结构建设时间普遍较短,没有发现由于安全性问题导致锚索失效的情况,现有锚固结构受到的损害大多是外力所致。

7.5 公路边坡锚固结构类型及构造的适应性分析

在滑坡处理和高边坡加固工程中使用的锚索类型种类繁多,按不同的分类方法可将锚索结构划分为不同的类型。

(1)按外锚头结构形式分为:墩头锚、锥形锚、JM 锚、XM 锚、QM 锚、OVM 锚、精轧螺纹锚具、螺丝端杆锚等。

(2)按锚索体种类分为:钢绞线束锚索、精轧螺纹钢筋锚索和高强钢丝束锚索。

(3)按是否施加预应力分为:预应力锚索和非预应力锚索。

(4)按锚固段结构受力状态分为:拉力型锚索、压力型锚索和荷载分散型锚索。

从国内外锚固工程技术发展现状来看,外锚头部位的材料强度以及指定厂家生产的夹片、垫板等构件的技术参数一般都能满足现有技术条件的要求,并已在国内大型重点工程中得到广泛应用。现阶段研究的重点主要集中在锚固段受力状态上。

7.5.1 预应力锚索和非预应力锚索

预应力锚索和非预应力锚索两者的受力拉拔曲线如图 7-9 所示。

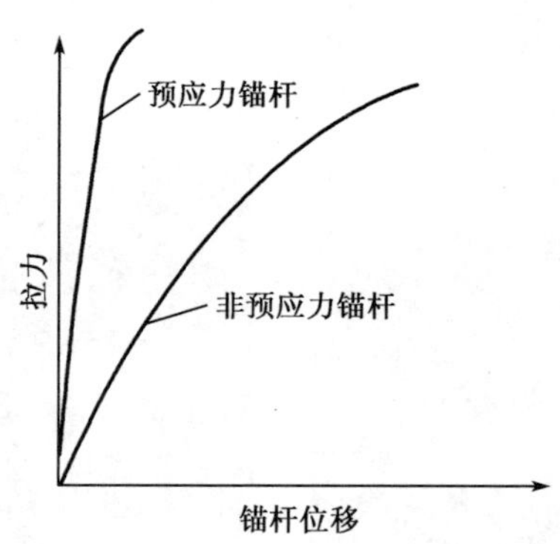

图 7-9 预应力锚杆与非预应力锚杆受力特性比较

从图中可以看出,在相同的位移下,预应力锚索可以提供更大的锚固力,更能发挥锚固结构的作用。两者的性能对比和适用范围如表 7-1 所示。

预应力锚杆与非预应力锚杆比较　表 7-1

预应力锚杆	非预应力锚杆
能及时提供支护抗力,使岩体处于三轴应力状态	安装后地层移动,锚杆才能被动地发挥作用
控制地层与结构物变形能力强	控制地层与结构物变形能力差
施加预应力后在地层内形成压缩区,有利于地层稳定	难以在地层内形成压缩区
施加预应力后能明显地提高潜在滑移面或岩石软弱结构面的抗剪强度	仅靠杆体自身强度发挥其抗拉抗剪作用
张拉工序能检验锚杆的承载能力	缺乏检验此类锚杆施工质量与承载力的有效方法
结构构造与施工工艺比较复杂	结构简单,施工方便

7.5.2 受力状态不同的锚固结构

按锚固段结构受力状态将锚固结构分为拉力型锚索、压力型锚索和荷载分散型锚索。

1)拉力型锚索

拉力型锚索的内锚固段是采用纯水泥浆或水泥砂浆将锚索体固结在被锚固体的稳定部位。其施工工序为:第 1 次注浆形成内锚固段,待浆体强度满足 28d 龄期要求后,进行锚索体的张拉,再进行第 2 次注浆,将锚索体包裹在浆体内,保证张拉段锚索体不被腐蚀,同时也将锚索体上的预应力通过浆体的黏结力被固结,确保在外锚头失效条件下仍保持预应力的作用。

2)压力型锚索

与拉力型锚索相比,压力型锚索的根部荷载较大,靠近孔口荷载较小。压力型锚索充分利用了岩体的抗压强度,有利于将不稳定体锚固在地层深部。由于压力型锚索浆体受压,可从根本上消除拉力型锚索峰值剪应力拉裂水泥浆材的缺陷,能更好地保护钢绞线不被腐蚀,若采用无黏结钢绞线,多加一道防护措施,将具有更高的防护性能,可作为永久性预应力锚索。

3)荷载分散型

拉力型锚索和压力型锚索的主要特点都是将预应力集中传递给内锚固段,因此导致锚固结构局部遭受破坏的可能性较大,如压力型锚索,在承压板上部 0 ~ 30cm范围内注浆材料可能产生受压破坏。荷载分散型锚索的特点是克服了应力集中的缺陷,将施加的预应力分散在整个锚固段上,使应力应变分散以确保锚固段不受破坏。荷载分散型锚索又分为拉力分散型锚索、压力分散型锚索和拉压分散型锚索。

(1)拉力分散型锚索

拉力分散型锚索的锚索体采用无黏结钢绞线，其结构形式为：将处于内锚固段的无黏结钢绞线末端按一定长度剥除聚乙烯(PE)套管(一般剥除洗净涂油2~3m)，即变为有黏结段，当浆体固结后，预应力通过钢绞线与浆体的黏结力传递给被加固体，形成锚固力。这种类型的锚索可以把拉力型锚索内锚固段上部集中的拉应力较均匀地分散在整个锚固段内。

(2)压力分散型锚索

压力分散型锚索的锚索体采用无黏结钢绞线，其结构形式为：在不同长度的无黏结钢绞线末端套以承压板和挤压套，当锚索体被浆体固结后，以一定荷载张拉对应于承载体的钢绞线时，设在不同深度部位的数个承载体将压应力通过浆体传递给被加固体，这样对在内锚固段范围内的被加固体提供被分散的锚固力，因而即使在复杂地基中，其也可提供较大而可靠的锚固力。

(3)拉压分散型锚索

拉压分散型锚索是在2根(或4根)无黏结钢绞线一端剥除1~3m PE套管，变成拉力型锚固段，在该端靠近波纹套管处安装承载板和可移动挤压套，变成压力型锚固段，在另外2根(或4根)无黏结钢绞线上也按上2根那样处理，然后将它们编制在一起。编索时，无黏结段呈台阶状布置，这样就可以形成拉压分散型锚索。这种类型的锚索结构，内锚固段受力最为均匀，它集中了拉力分散型和压力分散型锚索的优点，因此，在复杂地基的软弱岩、土体中可提供比其他类型锚索更大而可靠的锚固力。

不同受力特性的锚固结构性能比较如表7-2所示。应根据实际地形地质条件、当地的施工水平选择适合于西藏干线公路边坡的锚固结构。

不同类型锚杆适用范围　　表7-2

锚杆的内力分布及工作特性	荷载集中型锚杆		荷载分散型锚杆	
	拉力型	压力型	压力分散型	拉力分散型
受荷时杆体轴力及黏结应力	峰值高，应力集中现象严重	峰值高，应力集中现象严重	峰值显著降低	峰值显著降低
受荷时黏结应力沿锚固段分布状况	分布极不均匀，在荷载传递过程中，会发生黏结作用渐进性破坏	分布极不均匀，在荷载传递过程中，会发生黏结作用的渐进性破坏	沿锚固段全长较均匀地分布	沿锚固段全长较均匀分布

续上表

锚杆的内力分布及工作特性	荷载集中型锚杆		荷载分散型锚杆	
	拉力型	压力型	压力分散型	拉力分散型
黏结摩阻强度	灌浆体受拉，不会对孔壁产生径向力，不能使原有的摩阻强度增大	灌浆体受压时，会对钻孔壁产生一定的径向力，并使摩阻强度提高	灌浆体受压，会对钻孔壁产生较均匀的径向力，使摩阻强度提高	灌浆体受拉，不能对孔壁产生径向力，不能使原有摩阻强度提高
锚杆承载力	锚固长度超过8～10m后，承载力增长极其微弱或不增长	锚固长度超过8～10m后，承载力增长极其微弱或不增长，且灌浆体的抗压强度，制约着锚杆承载力	锚杆承载力随锚固长度增加而成比例地提高，可得到高承载力的锚杆	锚杆承载力随锚固长度而成比例地提高，可得到高承载力锚杆
耐久性	受荷时，灌浆体受拉，易开裂，防腐性查	受荷时，灌浆体受压，不易开裂，防腐性好	受荷时，灌浆体受压，不易开裂，预应力筋外有油脂、PE涂层及水泥浆体多层防腐，耐久性好	受荷时，灌浆体受拉，易开裂，防腐性差
可拆芯性	使用功能完成后，锚杆芯体不能被拆除，构成对周边地层开发的障碍	使用功能完成后，轴杆芯体能拆除，不构成对周边地层开发的障碍	需要时，锚杆芯体能拆除，不构成对周边地层开发的障碍	使用功能完成后，锚杆芯体不能被拆除

8 公路边坡锚固结构预应力损失与安全性维护技术研究

8.1 公路边坡锚固结构预应力损失检测及估算

8.1.1 边坡锚固结构预应力损失

预应力锚索的预应力损失一般情况下包括两部分:一部分是锚索张力锁定后,在较短时间内由于锚索体系的回弹变形、锚墩下基础变形等原因造成的预应力损失;另一部分是在长期荷载作用下,由于灌浆材料的徐变、锚固段周围岩体蠕变以及钢绞线应力松弛等原因造成的预应力损失。

短期内,锚索锁定回弹造成的预应力损失包括以下几个方面:

(1)锚具、夹片回弹变形造成的预应力损失。

(2)张力系统包括千斤顶、油泵摩擦阻力等造成的预应力损失。

(3)锚索锚墩下土体的沉降变形引起的预应力损失。

长期荷载作用下锚索的预应力损失是预应力锚索设计中比较关注的问题,它关系到锚索工程的安全耐久性。在长期荷载作用下,锚索预应力的损失主要由以下三部分组成:

(1)钢绞线的松弛。长期荷载作用下钢绞线会产生松弛,松弛量大小与荷载及环境温度有关。一般情况下,钢绞线松弛量会随荷载的增加和温度的升高而增大。金属材料的蠕变主要是材料内部晶格间位错的累积,累积达到一定程度时在晶界和晶格间会产生微裂纹和微孔洞,进而导致变形随时间增长而增大。

(2)岩体蠕变。岩体蠕变是锚索预应力损失的主要原因。岩体本身存在大量的节理、裂隙,在外加预应力荷载作用下,岩体中的节理、裂隙被压缩,这一过程需要持续一定的时间。一般说来,岩体质量越好,节理裂隙越少,岩体的变形越小,蠕变也越小,持续的时间也短;相反,对于多裂隙的岩体,其预应力损失则相对较大。

(3)灌浆材料徐变。徐变是灌浆材料的重要特征,在荷载作用下,变形随时间不断增长。影响灌浆材料徐变特性的因素主要有施加的荷载历时、加荷龄期、环境温度和湿度等。一般荷载历时越长、加载龄期越小、环境温度越高,则徐变越大。

1)锚具引起的应力损失

由于锚具回弹变形而引起的预应力损失可根据《公路钢筋混凝土及预应力混凝土桥涵设计规范》(JTG D62—2004)的规定计算:

$$\sigma_m = \frac{\sum \Delta L}{L} E_y \tag{8-1}$$

$$N_m = A\sigma_m \tag{8-2}$$

式中:ΔL——锚具、夹片的回弹值,可按各厂家提供的资料选取(我国取值见表8-1);

L——锚具的有效长度;

E_y——钢绞线的弹性模量;

A——钢绞线的截面积。

主要锚具产品变形回弹值 表8-1

锚具产品名称	变形形式	回弹量(mm)
QM	锚具、夹片变形	6
OVM	锚具、夹片变形	6
YM	锚具、夹片变形	6
B&S	锚具、夹片变形	5

2)张拉系统引起的预应力损失

锚索张拉系统主要包括千斤顶和油泵,此部分预应力损失主要根据工程经验确定。经验表明,张拉系统的摩擦阻力引起的预应力损失为2%~4%。油压表所反映的拉力比钢绞线实际受荷大2%~4%,因此,如果设计张拉荷载是以油压表的读数为基础,则设计张拉力应考虑张拉系统的应力损失。

3)锚索锚墩下土体变形引起的预应力损失

在预应力荷载作用下,锚索锚墩下的土体产生沉降会引起预应力损失。计算此部分预应力损失时,应首先确定锚墩下土体的沉降量,然后通过公式(8-1)计算预应力损失。在本书中,采用基于弹塑性理论的修正分层总和法计算锚墩基础沉降量,该方法克服了常规分层总和法的不足,考虑了土的侧向变形及其非线性特性、成层分布特性以及弹塑性特性对沉降量的影响。

4)钢绞线松弛

钢绞线在长期荷载作用下会产生应力松弛,这一过程可能会持续几十年,因此很难进行如此长时的松弛试验，相关标准规范一般规定采用1000h的松弛量。钢绞线的松弛量与其所受到的应力水平有关。表8-2给出了常用钢绞线的松弛率。

常用钢绞线的松弛率 表8-2

钢绞线类型	1000h 允许最大松弛率（%）	
	70%最大负荷	80%最大负荷
ASTM416,270级,ϕ15.24	2.5	3.5
GB5224,ϕ15.24	2.5	4.5
普通松弛钢绞线	8.0	12.0

钢绞线的松弛率除与钢绞线本身的物理力学特性有关外，还受钢绞线受到的初始应力的影响，图8-1给出了各种钢绞线在长期荷载作用下的最终松弛率的终值。在计算钢绞线长期荷载引起的应力损失时，其长期荷载一般按张拉控制应力的90%计算。

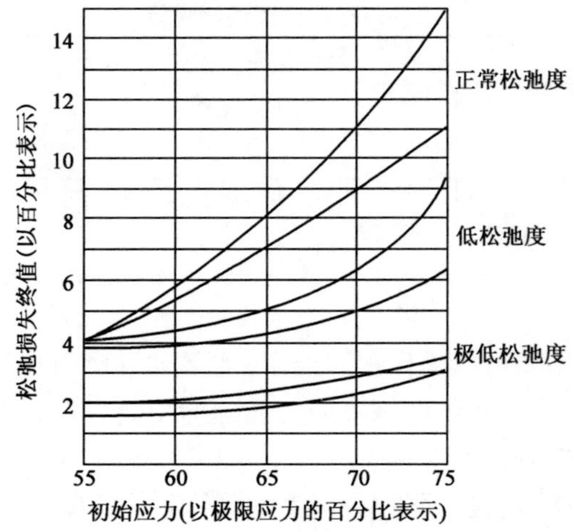

图8-1 各种钢绞线松弛应力损失的终值

5）灌浆材料徐变损伤

灌浆材料中微裂纹的扩展是灌浆材料产生徐变的主要原因。一般认为，作用在灌浆材料上的荷载水平低于其长期强度$\left(\frac{\sigma}{f_c'}\leqslant 0.8\right)$时徐变趋于稳定。徐变损伤演化方程见式(8-3)。

$$\dot{D}_{cr} = -\gamma D_{cr} + f(\sigma) \tag{8-3}$$

考虑边界条件：

$$\begin{cases} D_{cr}(\sigma,0) = 0 \\ D_{cr}(\sigma,t) = D_m(\sigma) - D(\sigma,0) \end{cases} \tag{8-4}$$

式中：$D_m(\sigma)$——常应力下灌浆材料损伤的最大值；

D_{cr}——灌浆材料徐变损伤值；

γ——徐变损伤系数；

$f(\sigma)$——应力函数。

联解方程，可得：

$$D_{cr}(\sigma,t) = [D_m(\sigma) - D(\sigma,0)](1 - e^{-\gamma t}) \tag{8-5}$$

根据损伤理论，有效应力可表达为：

$$\tilde{\sigma}(z,t) = \frac{\sigma(z,t)}{1 - D(z,t)} \tag{8-6}$$

式中：$\tilde{\sigma}(z,t)$——灌浆材料有效应力；

$\sigma(z,t)$——灌浆材料应力；

$D(z,t)$——灌浆材料损伤量。

将等效应变原理推广到灌浆材料的徐变问题中，可得出式(8-7)所示的灌浆材料徐变损伤的本构方程：

$$\varepsilon(z,t) = \frac{\sigma(z,t)}{E(t)[1 - D(z,t)]} - \int_{\tau_1}^{t} \frac{\partial}{\partial t}\left[\frac{1}{E(t)} + c(t,\tau)\right]\frac{\sigma(z,\tau)}{1 - D(z,\tau)}\mathrm{d}\tau \tag{8-7}$$

式中：$c(t,\tau)$——灌浆材料在龄期 τ 下的徐变度；

$\varepsilon(z,t)$——灌浆材料的应变；

$E(t)$——灌浆材料模量。

假设锚固段灌浆浆体与钢绞线之间不存在滑移，即两者之间变形协调，则灌浆材料的徐变变形量为：

$$u(z,t) = \int_0^l \varepsilon(z,t)\,\mathrm{d}x \tag{8-8}$$

式中：$u(z,t)$——锚索经过时间 t 后灌浆的徐变变形量；

l——锚固段的长度。

其他符号意义同前。

为方便计算,同时考虑到预应力损失有限,本书假定作用在锚固段上的应力为不随时间变化的定值。确定了灌浆材料的徐变量后,根据浆体、钢绞线变形协调关系,即能计算出锚索由于灌浆材料徐变损伤造成的预应力损失量。

6)岩体蠕变理论

采用标准线性固体模型模拟岩体在长期荷载作用下的蠕变特性。该模型由 Kelvin 模型与 Hook 体串联而成,见图 8-2。

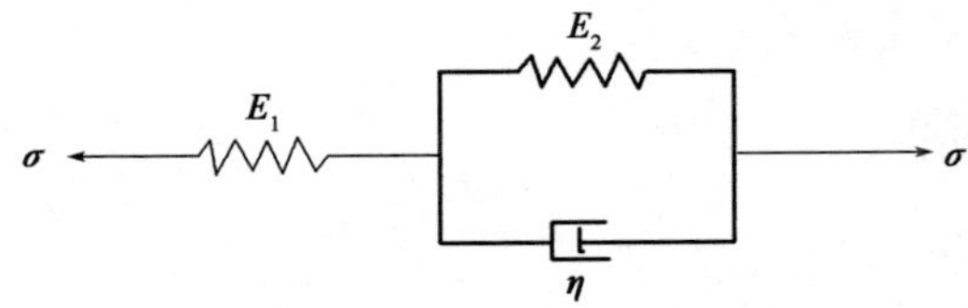

图 8-2　标准线性固体模型

模型本构关系为:

$$\sigma + p_1\dot{\sigma} = q_0\varepsilon + q_1\dot{\varepsilon} \tag{8-9}$$

$$p_1 = \frac{\eta}{E_1 + E_2};q_0 = \frac{E_1E_2}{E_1 + E_2};q_1 = \frac{E_1\eta}{E_1 + E_2}$$

式中:E_1、E_2、η——模型参数;

σ、ε——应力和应变;

$\dot{\sigma}$、$\dot{\varepsilon}$——应力率和应变率。

采用剪切位移法考虑预应力锚索锚固段的荷载—位移特性,得出锚索锚固段的荷载—位移计算公式为:

$$u(z) = \frac{P}{r_1AE_{\mathrm{p}}(\mathrm{e}^{2r_1l} - 1)}[\mathrm{e}^{r_1z} + \mathrm{e}^{r_1(2l-z)}] \tag{8-10}$$

$$r_1 = \sqrt{\frac{k}{AE_{\mathrm{p}}}};k = \frac{2\pi G_{\mathrm{s}}}{\ln\left(\frac{r_{\mathrm{m}}}{r_0}\right)};r_{\mathrm{m}} = 2.5(1 - \mu_{\mathrm{s}})l$$

相应地,锚固段端部的变位为:

$$u = u(0) = \frac{P\mathrm{e}^{2r_1l}}{r_1AE_{\mathrm{p}}(\mathrm{e}^{2r_1l} - 1)} \tag{8-11}$$

以上式中:P——施加在锚固段上的荷载;

A——锚固段截面积；

E_p——灌浆材料弹性模量；

G_s——岩体剪切模量；

r_0——锚固段钻孔半径；

μ_s——岩体泊松比；

$u(z)$——锚索锚固段变位；

k、r_1——参数；

r_m——剪切变形可忽略的离锚固体轴线的最小水平距离；

l——锚固段长度。

研究岩体材料的蠕变特性时，可将灌浆材料看作弹性材料，将岩体看成是标准线性固体材料，同时为了简化计算，可将施加在锚固段上的外加荷载作为定值考虑。根据弹性—黏弹性对应性原理，即可求得相应的标准线性固体模型下的锚固段端部的黏弹性变位值。

8.1.2 边坡锚固结构预应力损失检测及估算

1）锚索工作性能检测技术

锚索工作性能检测的内容：

（1）反力结构：检查坡面冲刷、反力结构基础地基、反力结构的开裂等，抽检反力结构混凝土强度等。

（2）锚头部位：检查包括锚斜托、锚垫板、锚具、夹片、端头钢绞线等的安装与锈蚀情况，检查封锚结构的变化情况。

（3）锚固性能：检测当前锚索预应力、承载力值和安全储备。

锚索实际预应力值检测原理：对锚索外露段钢绞线进行接长，对高应力状态下的锚索施加外力。当外力逐渐增加并达到锚索内力时，锚索外锚头达到平衡状态。平衡状态时理论上锚头处于静止状态，没有位移。但当外力继续增加至大于锚索原有内力时，锚索自由段将产生伸长变形，锚头松动向外产生位移变形，在荷载位移曲线上表现为突变点或突变区。基于这一原理，通过绘制荷载与位移的关系曲线可以推算平衡时的外力，即锚索实际预应力。

锚索承载力和安全储备检测：《建筑边坡工程技术规范》（GB 50330—2013）规定永久性锚杆（索）试验荷载值相当于1.2倍的设计荷载值，因此可将锚索承载力和安全储备检测最大荷载确定为设计荷载的1.2倍。预应力值检测完成后，继续施加荷载，最大荷载不超过设计荷载的1.2倍，直至锚索出现破坏特征或达到设计荷载的1.2倍。

(1)检测荷载达到设计荷载的 1.2 倍时,判定该锚索当前承载力可以满足设计荷载要求,安全储备系数不小于 1.2,锚索承载力检测为合格。

(2)检测荷载小于设计荷载的 1.2 倍时,判定该锚索当前承载力不满足设计荷载的要求,锚索承载力检测为不合格。取其破坏时的前一级荷载为被检测锚索的当前极限荷载值,即最大承载力值,并作为锚索补强加固计算的依据。

取当前极限荷载值与设计荷载的比值作为当前安全储备系数,即:

$$K = \frac{P}{P_{\mathrm{A}}} \tag{8-12}$$

式中:K——安全储备系数;

P——极限荷载或最大试验荷载(kN);

P_{A}——设计荷载(kN)。

2)锚索预应力损失的估算

通过对造成锚索预应力损失的各种因素进行定性和定量分析,得出了锚索短期预应力损失的经验估算值:钢绞线松弛造成的预应力损失占 3% ~4%;锚头夹具造成的预应力损失占 3% ~6%;张拉系统造成的预应力损失占 2% ~4%;地层变形造成的预应力损失占 5% ~7%;相邻锚索张拉造成的预应力损失占 2% ~3%。由上述 5 种因素造成的预应力损失均属于短期荷载作用下锚索的预应力损失。因此,综合考虑上述因素的影响,可粗略估算锚索在短期荷载作用下的预应力损失为 15% ~25%。

8.2 公路边坡锚固结构预应力损失恢复技术

8.2.1 预应力补偿技术和损失控制方法

1)预应力锚索荷载补偿技术

(1)锚索荷载补偿

锚索荷载补偿是通过外力对已锁固的预应力锚索重新进行张拉锁定,补偿损失的预应力,使之达到设计要求或最大可用值,以充分发挥预应力锚索的锚固作用。

锚索荷载补偿设备是在预应力检测设备的基础上发明的,主要设备除在预应力检测中使用的锚索连接器、液压式千斤顶、油泵、荷载位移量测系统外,还增加了专用限位片、限位反顶装置。

锚索荷载补偿时首先施加外力，平衡锚索预应力，然后进行荷载补偿，最后使用限位反顶装置将工作夹片回顶至其工作位置。

(2)锚索荷载补偿的原则

根据预应力检测结果，应对预应力损失过大且对结构安全造成威胁的锚索进行荷载补偿。根据分析和统计结果，建议对预应力损失超过25%的锚索进行荷载补偿；对于损失较小，且处于变化调整中的锚索，应先分析损失速率，根据实际情况进行补偿。

(3)荷载补偿大小的确定

当锚索承载力大于或等于设计荷载值的1.1倍时，按设计荷载的1.1倍控制补偿；当锚索承载力小于设计荷载值的1.1倍时，按照检测确定的当前最大承载力值的90%控制补偿。

对于荷载补偿后仍达不到结构安全需求的预应力锚固结构，则需要通过增加其他工程措施进行补强加固。

2)预应力损失控制方法

为减少锚索在短期、长期荷载作用下的预应力损失，根据其影响因素，厂家、设计方和施工方等相关人员在材料选择、施工工艺、工后管理等方面应注意以下事项：

(1)锚索、锚具的选择：应选用高强度低松弛钢绞线和与之配套的质量稳定可靠的厂家锚固系统，如锚具、夹片、垫板等，以减少钢绞线松弛、张拉系统变形等造成的预应力损失。

(2)灌浆材料的选择：应选用高强度低徐变特性的灌浆材料，如纤维灌浆材料，以减少锚索在长期荷载作用下由于灌浆材料徐变而引起的预应力损失。

(3)锚索锚固岩层的选择：应尽量将预应力锚索锚固段置于坚硬完整的岩层内，以减少长期荷载作用下锚固段周围岩体蠕变造成的预应力损失。

(4)框架护面墙梁下土层的处理：框架梁下地层应选择密实的岩土体。当土层松散时应进行压实，或采用浆砌片石换填，保证梁与基础紧密接触，以减少地基变形造成的预应力损失。

(5)锚索超张拉和补偿张拉时间的确定：应在锚索安装初期对锚索进行超张拉，并相应地持荷一段时间，反复张拉2次，可减少预应力损失30%～50%，超张拉荷载控制在5%～10%；锚索竣工后，应在锚索短期荷载作用下预应力损失完成后，选择合适的时间对锚索进行补充张拉。

(6)锚索张拉锁定荷载的确定：从监测结果看，预应力损失与锚索张拉锁定荷载成正比，张拉锁定荷载越大时预应力损失也越大，因此，在设计上应选用合适吨位的锚索，尽量采用多孔、小吨位锚索代替大吨位锚索。

(7)锚索间距的选择：锚索间距太密时群锚效应明显，会导致预应力损失增大。因此，应从具体工程的实际出发，合理选择锚索间距，避免因锚索过密造成过大的预应力损失。

(8)张拉顺序的确定：对框架护面墙预应力锚索结构进行张拉时，应配置多台张拉设备同步进行张拉锁定；无同步张拉条件时，必须进行循环张拉。对于对称结构，最好采用对称循环补张拉，最大限度地减少因张拉顺序造成的预应力损失。

(9)预应力锚索张拉锁定后，短期内应避免在其周围进行爆破和重型机械振动，无法避免时，应将振动和爆破工作安排在锚索张拉锁定之前进行。

(10)对于大型滑坡或重要构筑物，应在锚索服役期间进行长期监测，及时准确地掌握锚索内力的变化情况，以便选择合适的时间对锚索进行补偿张拉，保证锚索的安全使用和运行。

8.2.2 钢绞线锈蚀因素及修复关键技术

预应力钢绞线经过线材酸洗、拉丝、合股、中频回火、水冷却、收线、成卷、包装入库等工序完成成品制作。合股后的钢绞线表层呈黑色，回火后的钢绞线表层呈黑亮色或蓝色，经水冷后也呈黑亮色或蓝色。钢绞线的耐久性主要受自身生产运输技术和使用环境的双重影响，其中生产运输环节可由生产厂家技术把关解决，而使用环境的影响则需在设计施工中借助技术创新来完成。

生产、储运过程中产生锈蚀的主要因素包括：预应力锚索用钢绞线经酸洗工序时中和、清洗不彻底，在线材表面残留有微酸性物质；预应力钢绞线水冷却工序的冷水量控制不到位，水量偏少时影响钢绞线的伸直性，水量过大时钢绞线内会存有未蒸发的水分；钢绞线收线时不及时成卷会在钢绞线表层产生浮锈。

锚固结构工作地区不同，其耐久性能也不同。所在地区空气湿度较大时容易造成钢绞线锈蚀，钢绞线表层金属在水、空气等条件下会发生电化学腐蚀反应：

$$\begin{cases} Fe - 2e \longrightarrow Fe^{2+} \\ O_2 + 2H_2O + 4e^- \longrightarrow 4OH^- \\ Fe^{2+} + 2OH^- \longrightarrow Fe(OH)_2 \\ 4Fe(OH)_2 + 2H_2O + O_2 \longrightarrow 4Fe(OH)_3 \end{cases} \tag{8-13}$$

工程上可采取措施阻止电化学反应的发生，常用的方法有如下几种：

1）加入防锈液

（1）常用防锈剂的特点

钢绞线的锈蚀主要是金属表面与微酸物、水、CO_2、SO_2、O_2 等物质接触所致，可采用防锈液隔绝钢绞线表面金属与引发锈蚀的物质以达到防锈的目的。常用来制作防锈液的防锈剂有以下 7 种类型：

①铬酸盐类防锈剂是一种氧化性防锈剂，铬酸盐能使钢铁表面生成一层连续致密的含有 γ-Fe_2O_3 和 Cr_2O_3 的钝化膜。在循环水系统中，单独使用铬酸盐对铁、铜、锌、铝及合金都有良好的保护作用。铬酸盐毒性大，易被还原而失效。

②钼酸盐与铬酸盐类似，属于阳极型或氧化膜型防锈剂。钼酸盐会在阳极上生成一层具有保护膜作用的络合物。钼酸盐对碳钢、铜和铝均有防锈作用，与其他添加剂共同作用时效果更佳，可有效防止腐蚀发生。钼酸盐作为防锈剂时剂量较大，成本较高。

③锌盐防锈剂是一种阴极型缓蚀剂，常与其他防锈剂联合使用，能快速生成保护膜。硫酸锌成本低，但其对水生物有毒性，因此环保部门对锌盐的排放有严格规定。

④磷酸盐是一种阳极缓蚀剂，易与水中的钙离子生成磷酸钙垢，因此常和对磷酸钙垢有抑制能力的共聚物联合使用，无毒。

⑤聚磷酸盐是使用最广泛的防锈剂之一，常用的有三聚磷酸钠和六偏磷酸钠。值得注意的是，聚磷酸盐单独使用时，浓度不足会促进腐蚀。

⑥有机多元膦酸、羟酸、羧酸防锈剂化学稳定性好，能耐较高温度，与 Ca^{2+}、Mg^{2+}、Cu^{2+}、Fe^{3+} 等金属离子反应形成络合物，抑制钙垢、镁垢形成。有机多元膦酸、羟酸、羧酸防锈剂不易水解、无毒，但不易储存。

⑦MBT（巯基苯并噻唑）和 BTA（苯并三唑）属于阳极型缓蚀剂，可在铜、铝、铸铁等金属表面形成多层防护膜，以阻止金属表面发生氧化还原反应。MBT 易被氯氧化而破坏，BTA 抗氯氧化性能好，但价格较高。

（2）预应力钢绞线用防锈液的选择

预应力钢绞线用防锈液选择时，应结合常用防锈剂特点，选择合适的防锈材料和添加剂材料，采用良好的制备工艺，研制合适的防锈液。

钢绞线用防锈液的基本材料决定着防锈液的稳定性、耐高温性及其防锈性能。一般情况下选择化学稳定性好、能耐较高温度、水溶性好的多膦酸、羟酸、羧酸作为防锈液的主剂，并将多膦酸、羟酸、羧酸进行复配，使防锈剂与金属表面的接触更紧密，同时可与 Ca^{2+}、Mg^{2+}、Cu^{2+}、Fe^{3+} 等金属离子形成络合物以抑制水垢的生成。辅剂多选择水溶性苯丙型药剂，可在金属表面形成多层防护膜，防止金属表面发生氧化还原反应,同时,苯丙型药剂与其他药剂复配在碳素钢表面有协同防蚀作用,能在金属表面吸附成膜,使主剂与金属表面结合更牢固。

2)使用碳纤维材料制作锚索

碳纤维材料具有绝缘、耐高温、耐腐蚀、高强等优点,可考虑引入新型的碳纤维材料或玄武岩纤维材料代替传统钢绞线来制作新型锚索。

8.3 公路边坡锚固结构修复技术

基于前述对西藏干线公路边坡锚固结构安全性现状调查与分析,本节特别针对预应力锚索框架、预应力锚索抗滑桩、锚杆框架等公路常见锚固结构的常见病害,分别给出了科学的维修加固措施,为西藏干线公路边坡锚固结构的安全运营提供技术支持。

8.3.1 预应力锚索框架维修加固措施

1)框架维修加固措施

(1)框架梁跨中缺损病害加固

框架梁跨中抗弯能力不够,常出现弯曲裂缝过大的病害,可采用加大跨中截面和增加纵向受力钢筋的方法来处理(图 8-3)。

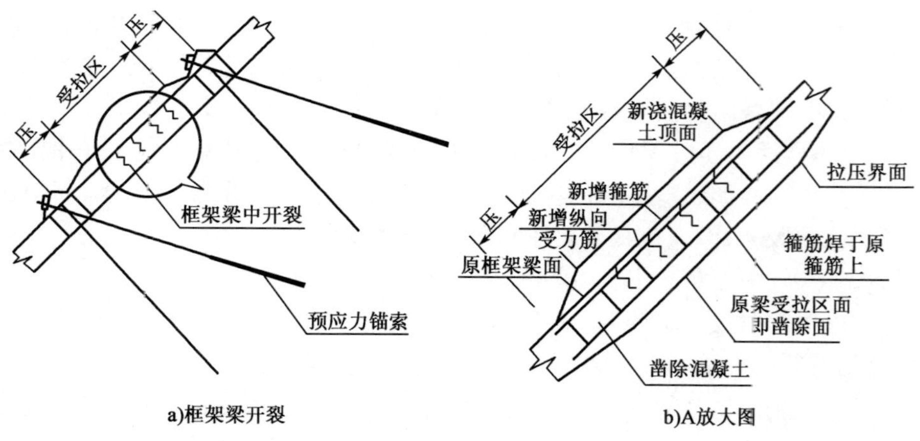

图 8-3 框架梁节点加固图

设计施工要点:①凿除原混凝土表层,露出梁的受力筋和箍筋;②将新增纵向受力筋与原纵向受力钢筋两端焊接紧靠,如果紧靠不能满足要求,可在靠河侧重新布置一排,新增受拉筋的间距要满足规范要求;③新增箍筋与原有箍筋焊接;④立模浇筑混凝土;⑤养护混凝土;⑥恢复四周被破坏的坡面防护措施。

(2)框架梁节点缺损病害加固

框架梁节点处有可能出现的缺损病害有:截面靠山侧抗弯能力不足、截面靠山侧出现较大弯曲裂缝、截面出现斜向剪切裂缝。对这三种缺损病害均可采用扩大节点的方法进行处理(图 8-4)。

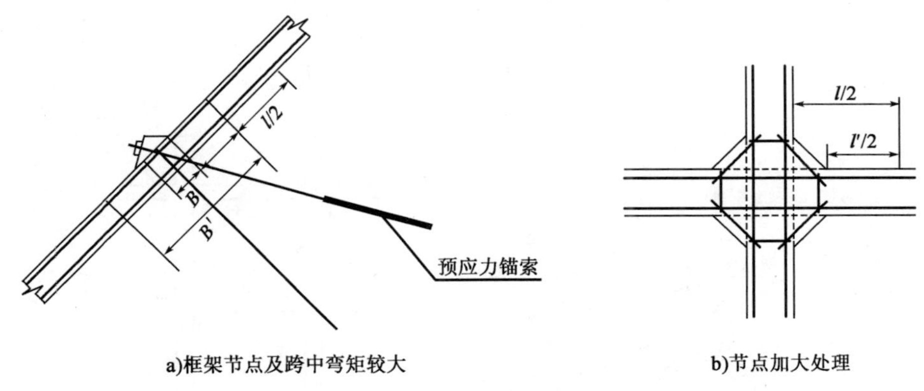

a)框架节点及跨中弯矩较大　　b)节点加大处理

图 8-4 框架梁节点加固图

设计施工要点:①从节点附近的旁侧凿除混凝土,露出框架梁的纵向受力钢筋;②将新增加的斜向受力钢筋以 45°夹角与框架梁的竖肋和横梁钢筋焊接;③在节点的水平方向和竖直方向新增设箍筋,分别与竖肋、横梁焊接;④立模浇注混凝土;⑤混凝土养护;⑥恢复四周被破坏的坡面防护措施。

2)边坡地基加固措施

(1)框架梁凹陷加固

框架梁产生凹陷的原因是其下部的边坡岩土承载力较低,此时可采用注浆的方法进行加固,加固的深度以超出软弱层的厚度为准。注浆孔的方向有"竖直方向"和"预应力锚索方向"两种,注浆孔一般沿梁的节点和跨中对称布置,见图 8-5。

当边坡表层较松散,整体性较差时,可采用在节点和跨中深层注浆孔间以小孔注浆进行加密,注浆深度 2 ~ 3m;也可采用在梁上以小孔注浆进行加固,具体操作方法如下:①凿除框架横梁和竖肋混凝土,露出纵向受力钢筋和箍筋;②在钢筋间隙中钻孔至松散层以下;③插入钢管至孔底,钢管与岩土接触部分每隔 15cm 钻孔眼;④将孔口段用封孔材料封孔;⑤在钢管中进行压力注浆;⑥恢复凿除的混凝土。

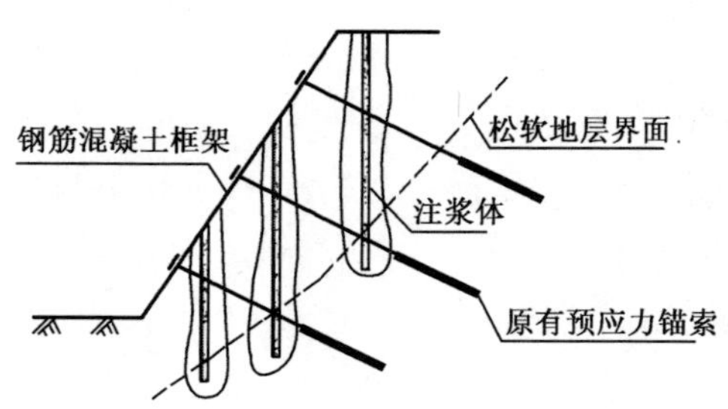

a)竖向钢花管注浆加固锚索框架下松软地层

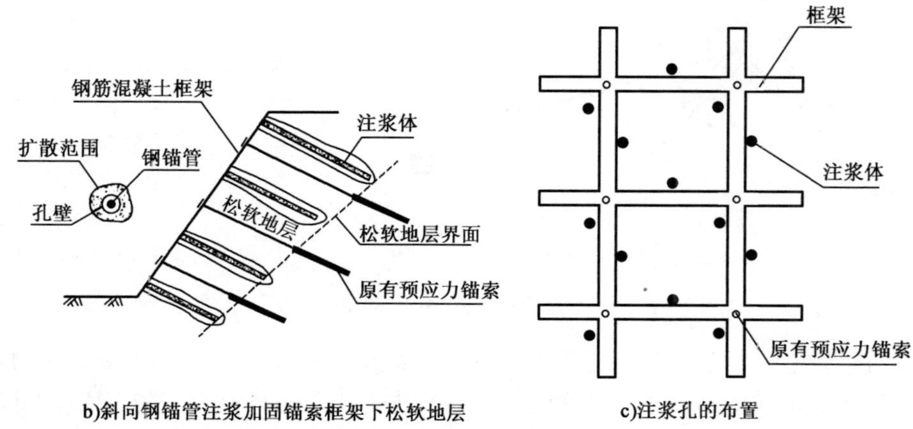

b)斜向钢锚管注浆加固锚索框架下松软地层

c)注浆孔的布置

图8-5 注浆加固图

(2)采用扩大框架节点和截面尺寸方法加固

对于注浆效果较差的地层,如表层的岩土泥质含量高的地层,可采用加大节点截面尺寸和框架梁截面宽度的方法进行加固。采用截面尺寸的扩大方法进行加固时应遵循竖肋横梁对称扩大的原则。值得一提的是,增加的纵向受力钢筋要贯通一榀框架,箍筋要与原有箍筋焊接。

3)框架悬空加固措施

对悬空框架加固时,应根据框架底部悬空的原因、范围和发展趋势选用不同的加固方法。若框架底部的岩土体仅少量发生松动,可采用注浆的方法进行加固;若框底岩土体已发生一定规模的坍塌,应采用沙袋或浆砌片石填补加锚索(杆)框架方法加固;若框底岩土体破坏是由于水的软化作用,加固时应辅以截排水措施。

4)预应力锚索框架的整体加固措施

当预应力锚索框架的各组成部分不存在缺损病害,而预应力锚索框架的整体安全性能降低时,应对预应力锚索框架进行整体加固。

8.3.2 预应力锚索抗滑桩维修加固措施

1)抗滑桩的维修加固措施

(1)采用增加预应力锚索的方法进行加固

对于外露式的预应力锚索抗滑桩,可采用增加预应力锚索的方法进行加固,见图 8-6。

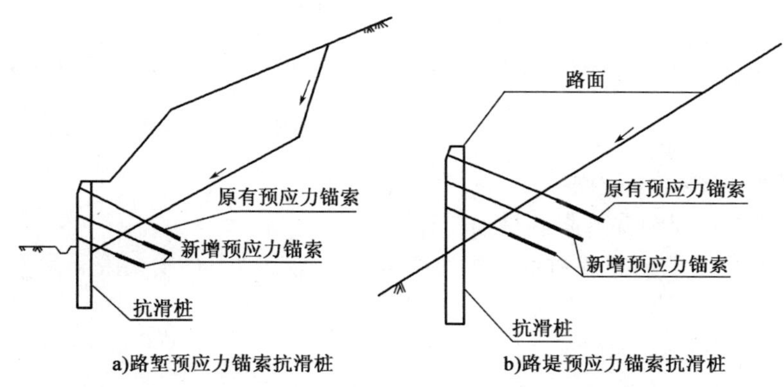

图 8-6 桩外露段增加预应力锚索加固预应力锚索抗滑桩示意图

增加预应力锚索能有效限制桩身内力和裂缝的增大,但不会消除或减少已有的缺损病害,若外露段出现裂缝和露筋等问题,应及时进行修复处理。

(2)用桩身注浆和插筋的方法进行补强加固

当桩身混凝土的强度未达到设计要求,或由于受力钢筋不足等原因造成的缺损,可采用在桩侧打钻孔、插粗钢筋或钢轨再高压注浆的措施进行补强加固。

2)增加结构的措施

(1)增加预应力锚索抗滑桩进行加固

当滑面较深且需要提供的加固力较大时,可采用增加预应力锚索抗滑桩方法进行加固。

(2)采用注浆措施进行加固

滑面位置埋深较浅,边坡所需加固面积较大时,可采用竖向钢花管注浆方法进行加固。

(3)增加预应力锚索框架进行加固

预应力锚索框架和预应力锚索抗滑桩都可通过施加预应力,使其变形协调一致。因此可以采用预应力锚索框架进行加固,见图 8-7。

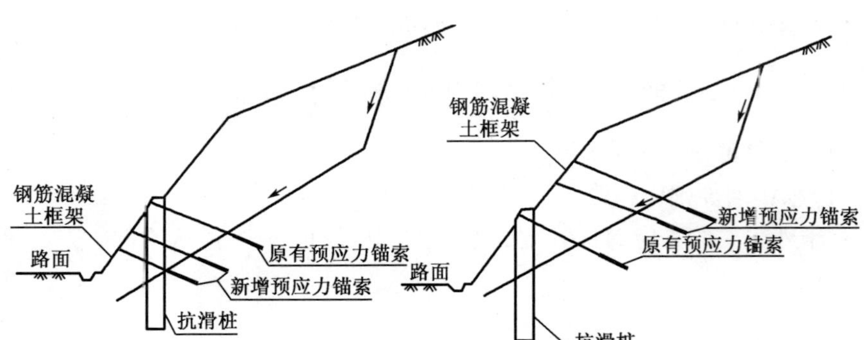

图 8-7　预应力锚索框架加固预应力锚索抗滑桩的示意图

3)桩顶位移超限加固措施

(1)增加预应力锚索限制桩顶位移

桩顶位移过大时可在桩的外露段或桩顶增加预应力锚索来限制位移的进一步发展，见图 8-8。

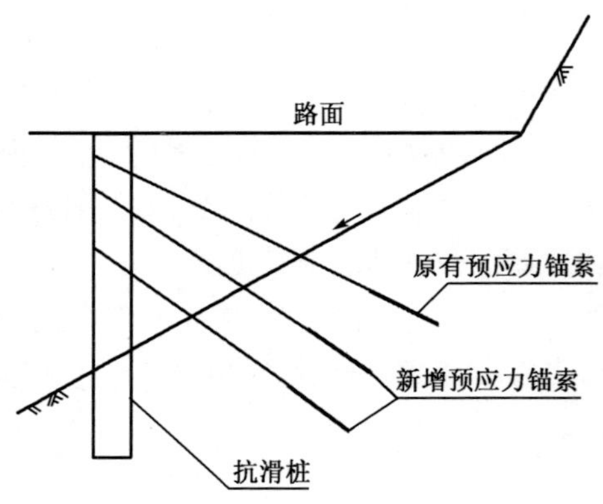

图 8-8　增加预应力锚索限制预应力锚索抗滑桩桩顶位移示意图

(2)在桩的靠河侧注浆加固

在桩的靠河侧嵌固段采取注浆方式加固，可提高桩的侧向承载力，进而限制桩的位移，见图 8-9。

4)桩侧向承载力不足的加固措施

桩的侧向承载力不足时会造成桩侧向位移过大，可采用增加预应力锚索的方法进行加固。

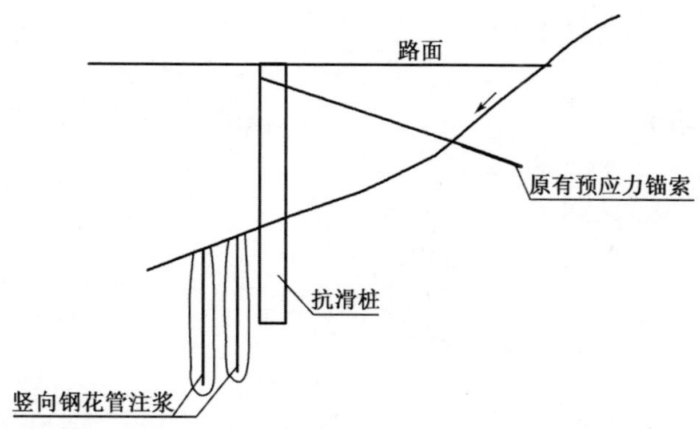

图 8-9 预应力锚索抗滑桩前注浆提高侧向承载力的加固图

5）滑坡越顶破坏的加固措施

（1）利用原有预应力锚索抗滑桩加固

利用预应力锚索抗滑桩进行加固的方法如下：

①接长原有抗滑桩。在原抗滑桩顶部竖向植筋，再浇混凝土，使接长部分和原有的抗滑桩形成一个整体。桩接长部分靠山侧填补浆砌片石，与山侧坡面相接，见图 8-10a）；或者桩间设钢筋混凝土挡土板，在挡土板靠山侧夯填土，见图 8-10b）。

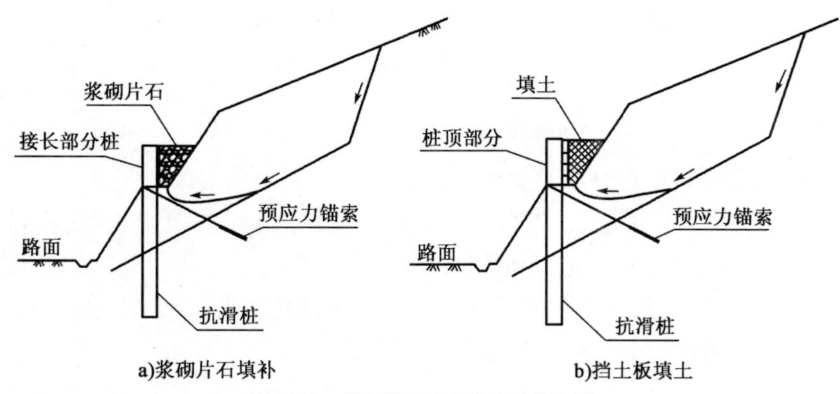

图 8-10 利用接长桩的方法进行加固

②在桩顶以上设抗滑挡墙，抗滑挡墙底部应嵌入桩顶以下一定的深度，见图 8-11。

（2）利用预应力锚索框架加固

滑坡越顶破坏时会在抗滑桩顶部形成新的剪出口，采用预应力锚索框架可以减小预应力锚索抗滑桩的受力，从而提高滑坡的安全系数，见图 8-12。当越顶段滑坡滑动力量较小时，可采用普通锚杆框架来代替预应力锚索框架的作用。

此外,还可以在越顶段采用注浆方式提高岩土体强度,防止滑坡越顶破坏。

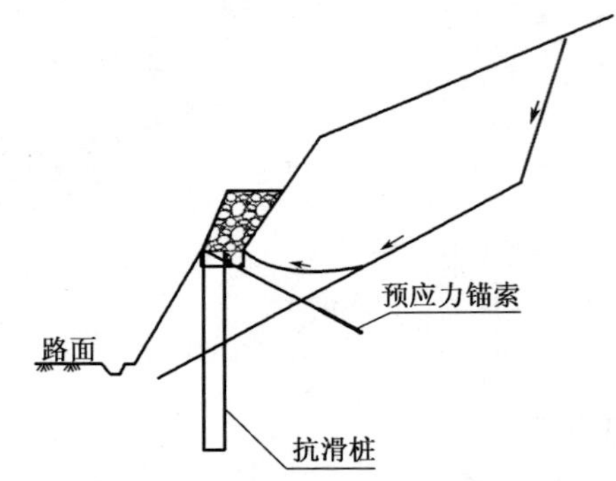

图 8-11 利用桩顶加抗滑挡墙的方法加固示意图

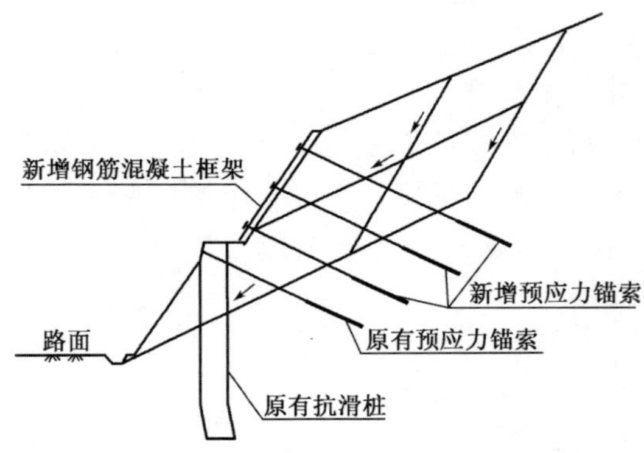

图 8-12 利用预应力锚索框架防止桩越顶滑动的示意图

6)预应力锚索抗滑桩的整体加固措施

当预应力锚索抗滑桩各构件的安全储备都无法满足规范要求时,应对其进行整体加固。根据受力匹配、变形协调的原则,可根据现场需求选择以下加固措施:①在原桩间新增预应力锚索抗滑桩;②增加预应力锚索框架;③注浆加固;④在原预应力锚索抗滑的外露段增设预应力锚索。

8.3.3 封锚破坏及锚头损毁修复加固措施

西藏干线公路边坡所处地区自然环境恶劣,坡面物化风化强烈,频发的构造运动和人类活动导致坡面崩塌滚石灾害频发。大量边坡锚固结构的封锚遭受滚石冲击破坏,影响了结构的安全性。本书提出一种新型封锚形式(图 8-13),即通过开挖坡面,将封锚嵌入坡面以防滚石撞击。同时,新型封锚可有效避免坡面流水侵蚀锚头,增加了结构的安全性。

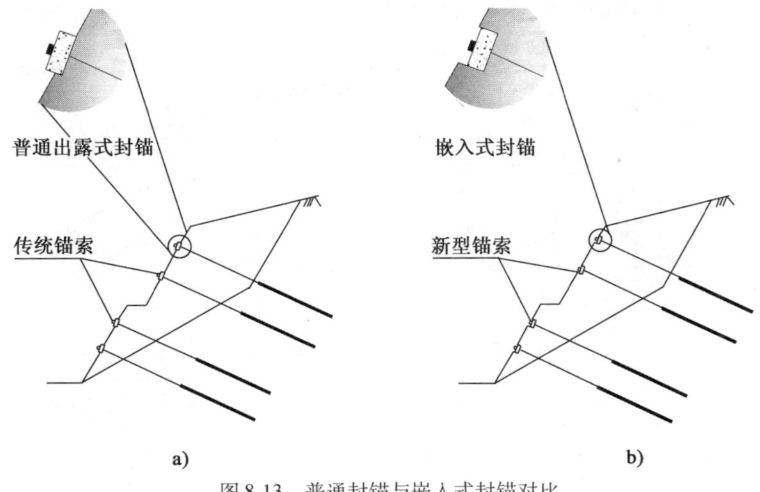

图 8-13　普通封锚与嵌入式封锚对比

8.4　公路多年服役边坡锚固结构抗滑力增强技术

随服役年限的增加，公路边坡锚固结构的抗滑力会有所下降，抗滑力不足导致的危险坡体下滑是影响结构安全性的关键因素。公路边坡常见锚固结构有预应力锚索框架、预应力锚索抗滑桩和锚杆框架。

8.4.1　预应力锚索框架抗滑力增强技术

1）补增预应力锚索提高结构抗滑力

预应力锚索出现结构病害或设计预应力不足造成预应力锚索框架抗滑力不足时，可采用补增预应力锚索来提高结构抗滑力。补增的预应力锚索应满足以下要求：

（1）锚索锚固段应穿过变形体破裂面并深入稳定体一定距离。

（2）新增预应力锚索和原有锚索间应保持一定间距，当最小间距无法满足《岩土锚杆（索）技术规程》（CECS 22—2005）要求时，新增锚索应沿原锚索伸入方向与原预应力锚索的锚固段错开布置，见图 8-14。

预应力锚索补强加固方式见图 8-15。新增的预应力锚索可与新增加的竖肋连接，竖肋应紧靠原框架竖肋，在与横梁交叉处凿除横梁混凝土，新增竖肋的纵向钢筋穿过横梁，其内力计算和配筋按独立的连续梁或弹性地基梁法计算，竖肋厚度和原有框架梁的厚度一致且宽度按满足截面配筋的要求和地基承载力的要求确定。预应力锚索补强加固也可采用在原有框架中间设置“十”字梁或锚墩的方法。

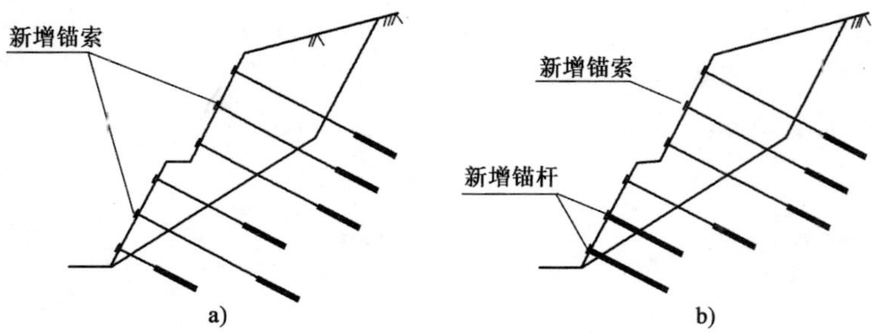

图 8-14　预应力锚索补强加固断面

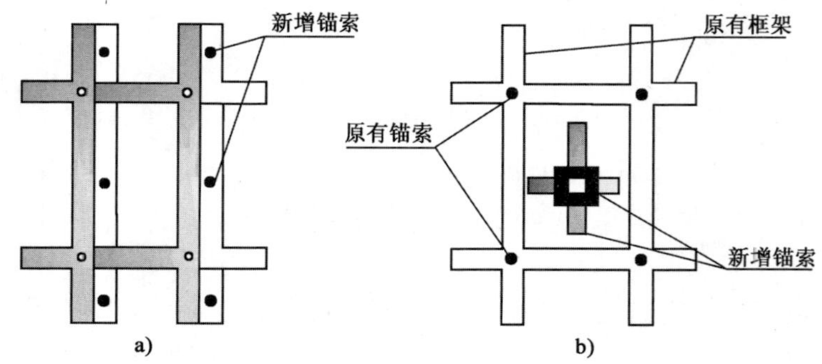

图 8-15　预应力锚索补强加固立面

2)设置预应力锚索抗滑桩/挡墙提高结构抗滑力

锚索抗滑桩和锚索抗滑挡墙都具有主动受力的结构特点,因此可采用两者对预应力锚索框架进行加固,见图 8-16。设计时可以根据需要补强加固的力 ΔF_{d},在适宜的位置设计预应力锚索抗滑桩。需要指出的是,采用预应力锚索抗滑桩或锚索抗滑挡墙时应注意以下几点:①桩或挡墙应具备良好的持力层条件;②边坡不会产生越顶滑动现象;③桩顶以上不会产生新的边坡病害。

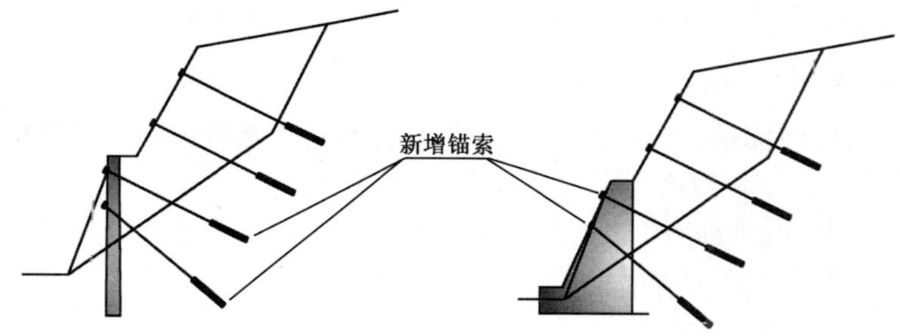

图 8-16　预应力锚索抗滑桩及预应力锚索挡墙补强结构抗滑力

3)注浆提高结构抗滑力

注浆类加固措施能提高岩体的强度,同时也有较好的抗滑作用,能有效稳固边坡,因此可以采用此类措施对预应力锚索框架缺损病害进行补强加固,见图8-17。

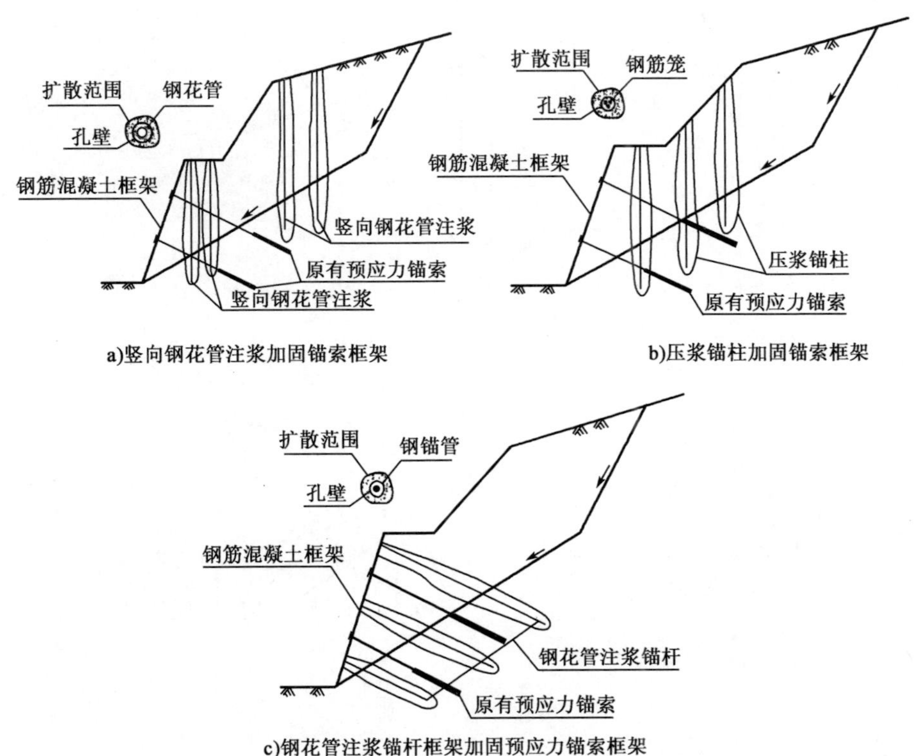

图8-17　注浆类措施加固预应力锚索框架

注浆类加固措施的适用条件:①面积较大但破裂面较浅的变形体;②整体刚度较差,不宜采用大吨位集中加固措施,而较适宜采用分散型小吨位加固措施的变形体;③边坡底部承载力较低的变形体;④注浆对提高破裂面强度效果明显的变形体。

8.4.2　预应力锚索抗滑桩抗滑力增强技术

1)补增预应力锚索提高结构抗滑力

当预应力锚索的锚固条件好且抗滑桩的性能良好,仅原有预应力锚索的锚固力不够或者存在缺损病害时,可采用增加预应力锚索的方法进行加固,如图8-18和图8-19所示。

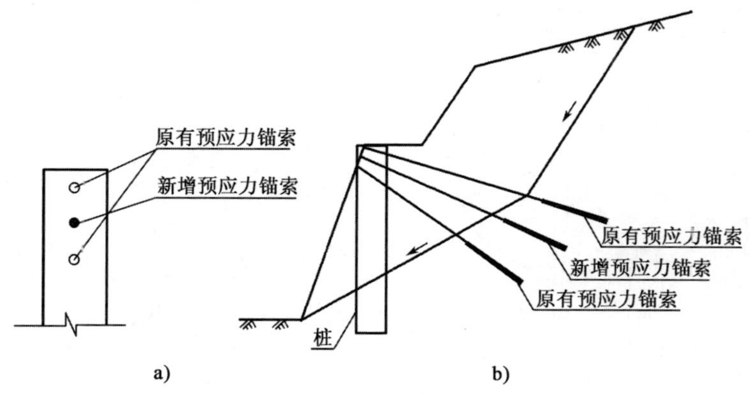

图8-18　桩顶设预应力锚索加固示意图

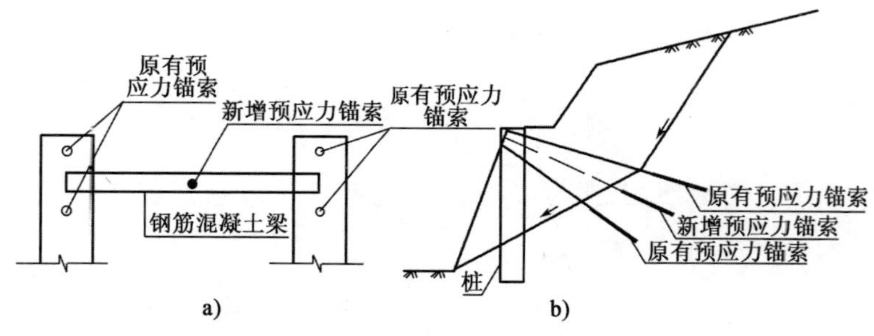

图8-19　桩间设预应力锚索加固示意图

2)增加抗滑桩提高结构抗滑力

当预应力锚索的锚固条件较差,或根本不具备锚固条件,如地层对预应力锚索有腐蚀作用而使锚固力不能恢复时,可通过增加普通抗滑桩来提高已有结构的抗滑力,增加锚固体系的整体稳定性,见图8-20。

3)注浆提高结构抗滑力

注浆加固措施可提高岩体的整体性,能有效稳固边坡,因此可采用此方法对锚索抗滑桩的抗滑力进行补强,见图8-21。

8.4.3　锚杆框架抗滑力增加技术

1)补增钢筋锚杆提高锚杆框架抗滑力

对于锚固力不够而钢筋混凝土框架安全储备足够的情况,可通过在原框架基础上增加锚杆来补强，增加结构抗滑力。

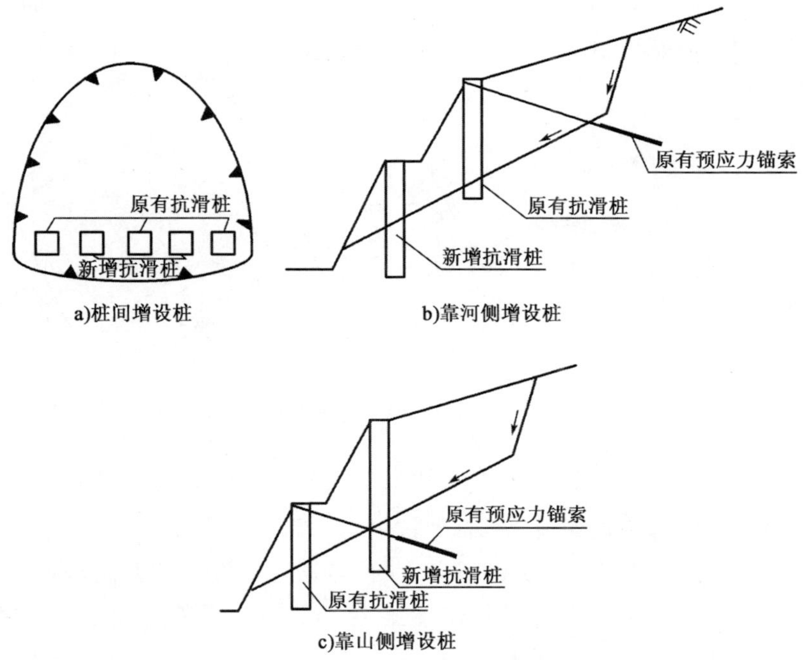

a)桩间增设桩　b)靠河侧增设桩

c)靠山侧增设桩

图 8-20　增加抗滑桩的加固方法示意图

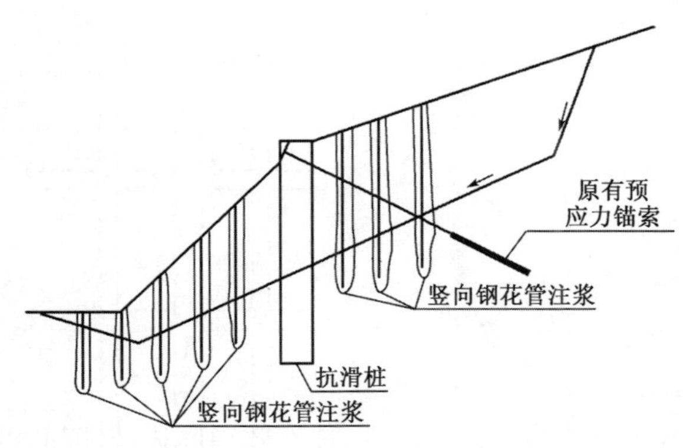

图 8-21　竖向钢花管注浆加固示意图

新锚杆的位置与原有框架的连接方式有三种（图 8-22）：

（1）在框架竖肋跨中增设锚杆。锚杆与框架的具体连接方法：凿除部分框架混凝土；将杆体头部弯曲，用支力钢筋与框架梁连接；恢复凿除部分的混凝土。

此外,也可以采用钢垫板加螺帽的方式连接,见图 8-22c)。

(2)在横梁的跨中设新锚杆,与框架的连接可采用图 8-22b)所示的方式。

(3)在原有框架的中间增设"十"字交叉梁,并在节点处设置新锚杆。

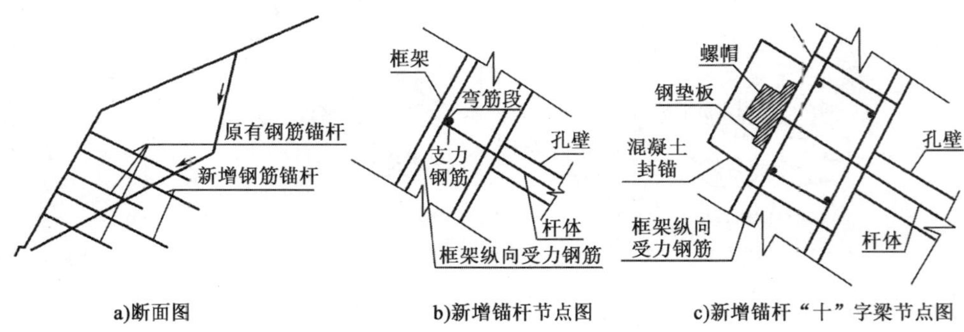

图 8-22　利用锚杆加固锚杆框架示意图

2)补增预应力锚索提高锚杆框架抗滑力

当滑面较深或需补增较大的抗滑力时,可通过增设预应力锚索来提高锚杆框架抗滑力(图 8-23)。具体操作步骤:在原框架的竖肋的中间增加地梁,将预应力锚索设置在地梁上;凿除预应力锚索和框架横梁交叉部位原横梁混凝土;地梁钢筋制作安装后进行一次浇筑。此外,也可通过在锚杆框架框格的中间增设"十"字梁或锚墩的方式进行加固。

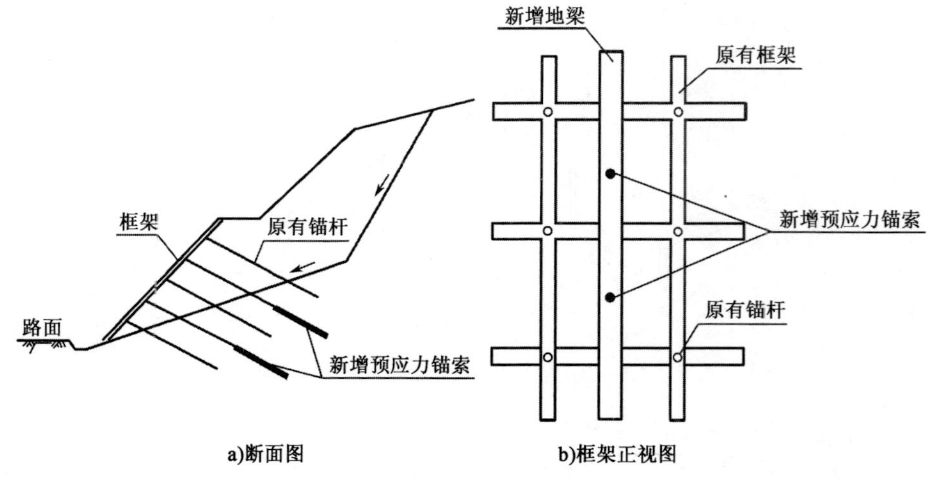

图 8-23　预应力锚索加固锚杆框架示意图

3）竖向钢花管注浆加固

当锚杆框架的安全储备不足且锚杆的锚固条件不好时，可采用竖向钢花管注浆方式进行加固，见图8-24。

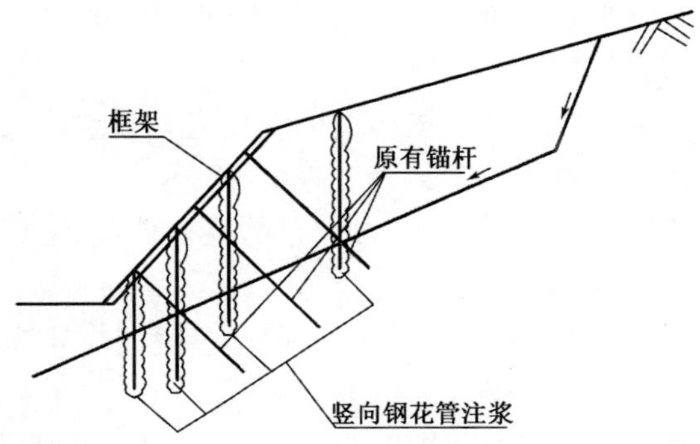

图8-24　竖向钢花管注浆加固锚杆框架示意图

参 考 文 献

[1] 何思明. 预应力锚索作用机理研究[D]. 成都:西南交通大学,2004.

[2] 何思明. 基于损伤理论的预应力锚索荷载—变形特性分析[J]. 岩石力学与工程学报,2004,23(5):786-792.

[3] 何思明,王成华,吴文华. 基于损伤理论的预应力锚索荷载—变形特性分析[J]. 岩石力学与工程学报,2004(5):786-792.

[4] 蒋忠信. 拉力型锚索锚固段剪应力分布的高斯曲线模式[J]. 岩土工程学报,2001,23(6):696-699.

[5] 徐年丰,牟春霞,王利. 预应力岩锚内锚段作用机理与计算方法探讨[J]. 长江科学院院报,2002,19(3):45-61.

[6] 何思明,王全才. 预应力锚索作用机理研究中的几个问题[J]. 地下空间与工程学报,2006,2(1):160-165.

[7] 何思明,李新坡. 预应力锚杆作用机制研究[J]. 岩石力学与工程学报,2006(9):1876-1880.

[8] 何思明,田金昌,周建庭. 胶结式预应力锚索锚固段荷载传递特性研究[J]. 岩石力学与工程学报,2006(1):117-121.

[9] 邓宗伟,冷伍明,邹金锋,等. 预应力锚索荷载传递与锚固效应计算[J]. 中南大学学报(自然科学版),2011(02).

[10] 丁瑜,王全才,何思明. 拉力分散型锚索锚固段荷载传递机制[J]. 岩土力学,2010(2):99-603.

[11] 尤春安,战玉宝. 预应力锚索锚固段的应力分布规律及分析[J]. 岩石力学与工程学报,2005(06).

[12] 曹兴松,周德培. 压力分散型锚索锚固段的设计方法[J]. 岩土工程学报,2005(09).

[13] 夏元友,叶红,刘笑合,等. 风化岩体中压力型锚索锚固段的剪应力分析[J]. 岩土力学,2010(12).

[14] 徐景茂,顾雷雨. 锚索内锚固段注浆体与孔壁之间峰值抗剪强度试验研究[J]. 岩石力学与工程学报,2004(22).

[15] 何思明,乔建平,王成华. 预应力锚索群锚效应研究:理论与建模[J]. 中国科学 E 辑:技术科学,2003,33(增刊):101-109.

[16] 张发明,刘宁,赵维炳. 岩质边坡预应力锚固的力学行为及群锚效应[J]. 岩石力学与工程学报,2000,19(增):1077-1080.

[17] 吴永,何思明,李新坡. 预应力锚杆作用机制的进一步分析[J]. 四川建筑科学研究,2010(1):97-100.

[18] 水利部水利水电规划设计总院. 预应力锚固技术[M]. 北京:中国水利水电出版社,2001.

[19] 何思明,王全才,罗渝. 钢绞线锈蚀对预应力锚索荷载传递特性的影响[J]. 四川大学学报(工程科学版),2010,42(1):1-4.

[20] 郑亚明,欧阳平,安琳. 锈蚀钢绞线力学性能的试验研究[J]. 现代交通技术,2005(06).

[21] 金伟良,赵羽习,鄢飞. 钢筋混凝土构件的均匀钢筋锈胀力的机理研究[J]. 水利学报,2001(07).

[22] 何思明,雷孝章. 全长黏结式灌浆锚杆锈胀机制研究[J]. 四川大学学报(工程科学版),2007(6):30-35.

[23] He Siming, Qiao Jianping, Wang Chenghua. Study on mechanics of fiber grouted material in pre-stressed anchor rope[J]. Science in China Ser. E Technological Science, 2003, 46:188-197.

[24] 何思明,乔建平,王成华. 纤维灌浆材料在预应力锚索中的作用机理研究[J]. 中国科学 E 辑:技术科学,2003,33(增刊):182-188.

[25] 盛 谦,丁秀丽,冯夏庭. 三峡船闸高边坡考虑开挖卸荷效应的位移反分析[J]. 岩石力学与工程学报,2000,19(增):987-993.

[26] 朱杰兵,韩军,程良奎,等. 三峡永久船闸预应力锚索加固对周边岩体力学性状影响的研究[J]. 岩石力学与工程学报,2002,21(6):853-857.

[27] 顾金才,沈俊,陈安敏,等. 锚索预应力在岩体内引起的应变状态模型试验研究[J]. 岩石力学与工程学报,2000,19(增):917-921.

[28] 何思明,张小刚,王成华. 预应力锚索的非线性分析[J]. 岩石力学与工程学报,2004,23(9):1535-1541.

[29] He Siming, Wang Chenghua, Qiao Jianping. Behavior of pre-stressed group anchors—theory approach and model[J]. Science in China Ser. E Technological Science, 2003, 46.

[30] 吴永,何思明,李新坡,等. 震时锚索失效机理与新型耗能减震锚索设计[J]. 四川大学学报(工程科学版),2011,43(增2):87-94.

[31] 何思明,王成华. 预应力锚索破坏特性及极限抗拔力研究[J]. 岩石力学与工程学报,2002,23(17):2966-2971.

[32] 李新坡,何思明,徐骏,等. 预应力锚索加固土质边坡的稳定性极限分析

[J]. 四川大学学报(工程科学版),2006(5):82-85.

[33] Li Xinpo, He Siming, Yong Wu. Limit analysis of the stability of slopes reinforced with anchors[J]. Int. J. Numer. Anal. Meth. Geomech, 2011, DOI: 10.1002/nag.1093.

[34] 何思明,张晓曦,欧阳朝军. 岩质高切坡预应力锚索超前支护研究[J]. 土木工程学报,2011(12).

[35] 何思明,李新坡. 高切坡半隧道超前支护结构研究[J]. 岩石力学与工程学报,2008,27(增2):3827-3832.

[36] 罗渝,何思明. 高切坡超前支护锚杆受力机制研究[J]. 人民长江,2009,40(3):76-78.

[37] E. Ausilio, E. Conte, G Dente. Stability analysis of slopes reinforced with piles [J]. Computers and Geotechnics, 2001(28):591-611.

[38] 余坪,余渊. 滑坡防治预应力锚索的试验研究[J]. 中国地质灾害与防治学报,1996(01).

[39] 王文灿,刘庆元. 路堑高边坡预应力锚索锚固力的变化规律[J]. 路基工程,2005(04).

[40] 杨雪莲,周永江,何思明. 框架预应力锚索在滑坡加固中的现场试验研究[J]. 灾害学,2009(02).

[41] 何思明,杨雪莲,周永江. 预应力锚索地梁与地基共同作用分析[J]. 岩土力学,2006(1):83-88.

[42] 夏雄,周德培. 预应力锚索地梁板加固既有挡墙的设计[J]. 西南交通大学学报,2003(02).

[43] 肖世国,周德培. 岩石高边坡预应力锚索地梁的一种内力计算方法[J]. 岩石力学与工程学报,2003(02).

[44] 夏雄,周德培. 预应力锚索地梁在边坡加固中的应用实例[J]. 岩土力学,2002(02).

[45] 肖世国,周德培. 岩石高边坡一种预应力锚索框架型地梁的内力计算[J]. 岩土工程学报,2002(04).

[46] 刘小丽. 新型桩锚结构设计计算理论研究[D]. 西南交通大学,2003.

[47] 何思明,田金昌,周建庭. 预应力锚索抗滑挡墙设计理论研究[J]. 四川大学学报(工程科学版),2005(3):10-14.

[48] 曾宪明,陈肇元,王靖涛,等. 锚固类结构安全性与耐久性问题探讨[J]. 岩石力学与工程学报,2004(13).

[49] 赵健,冀文政,肖玲,等.锚杆耐久性现场试验研究[J].岩石力学与工程学报,2006(07).

[50] 卫军,吴兴昊.对岩土工程中混凝土结构的耐久性问题的探讨[J].岩石力学与工程学报,2002(01).

[51] 牛荻涛.混凝土及认购耐久性与寿命预测[M].北京:科学出版社,2003.

[52] 张玉芳,王春生,张从明.边病害及治理工程效果评价[M].北京:科学出版社,2009.

[53] 周永江,何思明,杨雪莲.预应力锚索的预应力损失机理研究[J].岩土力学,2006(8):13-19.